友愛ブックレット

辺野古に基地はいらない！

オール沖縄・覚悟の選択

東アジア共同体研究所 編

鳩山友紀夫／大田昌秀／呉屋守將／山城博治／孫崎 享／高野 孟

花伝社

辺野古に基地はいらない！　オール沖縄・覚悟の選択◆目次

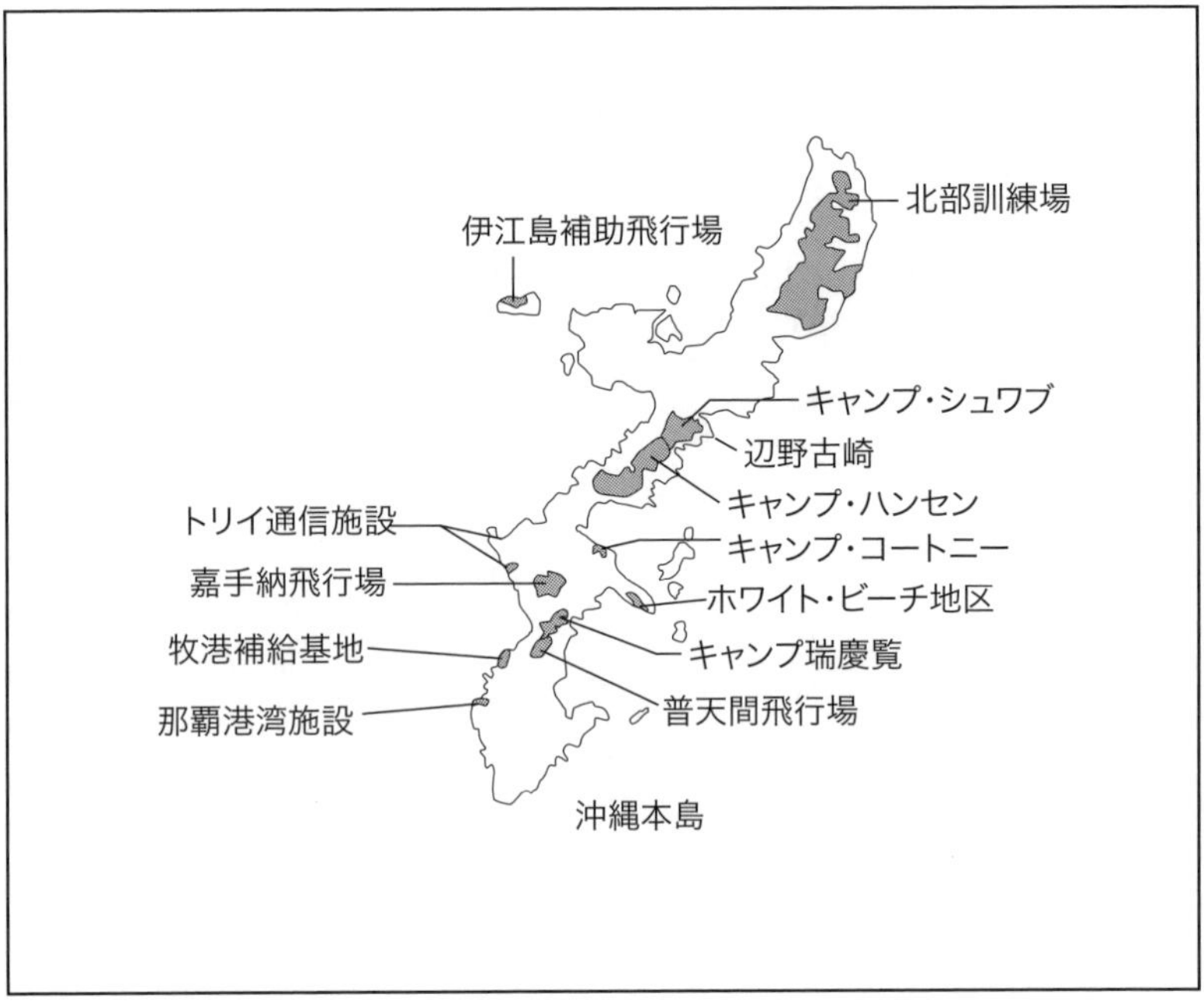
北部訓練場
伊江島補助飛行場
キャンプ・シュワブ
辺野古崎
キャンプ・ハンセン
トリイ通信施設
キャンプ・コートニー
嘉手納飛行場
ホワイト・ビーチ地区
キャンプ瑞慶覧
牧港補給基地
普天間飛行場
那覇港湾施設
沖縄本島

第1章　沖縄の歴史から考える

大田昌秀＋高野　孟（二〇一四年六月三〇日放送）

戦後沖縄にとっての大きな山場

高野　二〇一四年は、辺野古着工という緊迫感が増してくる中で、秋には県知事選がある。沖縄にとって一つの大きな山場の年ですが、辺野古を巡る状況、県知事選をどうご覧になっていますか。

大田　おっしゃるとおり、戦後沖縄にとって大きな山場を迎えたと思っています。私などは、昨年から今年にかけてはいろんな意味で、沖縄史上最悪の時期に来ているのではないかと懸念しています。

まず一番目の問題は、辺野古に普天間基地を移すことについて、世論調査で県民の八三％が反対しているにもかかわらず、日米両政府はその民意を無視して移設を強行しようと図っていることですね。日米両政府とも普天間基地を辺野古に移すのが最善の案だと言って、その前提の海底ボーリング工事を着々と進めているのです。

そういう状況下で、海にも陸にも基地を作らせないと公約して当選した稲嶺進名護市長がさる五月一四日から二四日にかけて渡米して移設反対の意向を米政府要路に訴えてきました。[1] 地元新聞には「名護市長はよくやった」と評価する投書と、「ほとんど成果はなかった」とする投書などが出ていますが、基地が移されたら被害を受ける当事者として名護市民の意向を表明することは大事だと思います。とは言え、より効果的なのは、沖縄県の首長たる仲井眞弘多知事が渡米して訴えることですが、知事はすでに公約をくつがえして基地移設に賛成しているのでそれもできません。

今はまだ基地の本格的な工事は始まっていませんが、それが始まると血を見る事件・事故が起こりかねず、そうなると沖縄中の人々の怒りが爆発して行政がコントロールできない事態となりかねない

1　友愛ブックレット『東アジア共同体と沖縄の未来』参照

と案じています。つまり一九七〇年に発生した「コザ騒動」[2]の二の舞になりかねないのです。

高野　あそこに行くと、三千何日と、座り込みを始めてからの日数を示す看板が出ていますね。

大田　そうです。現在、辺野古の海風の吹きすさぶ海岸では、基地の移設に反対する九二歳もの高齢のおばあさんや八〇代のおじいさんたちがテントを張って座り込んで抵抗しています。通常、座り込んで抵抗するのは、二ヵ月位で終わりますが、辺野古では一〇年余も座り込んでいるのです。それは、沖縄戦を体験している人たちだからできることだと思います。すなわち二度と戦争をしてはいけない。沖縄を戦場にしてはならない。子や孫たちに自分たちと同じ苦しみを味わわせてはならないという強い気持ちがあるからできることなんですよ。

辺野古地域は山地が多くほとんど田畑がありません。さる沖縄戦の時、付近住民は食糧がなくて餓死寸前に陥り、辺野古の海から魚を取ってやっと命をつなぐことができたのです。また敗戦後、物資に極度に不自由していた時、子供たちに教育を受けさせたくても換金作物がないので、海から魚をとってそれを金に換え、ノートや鉛筆などを買って辛うじて教育を受けさせることができました。ですから辺野古の海は、付近住民にとっては、一番重要な生活を支える源泉なのです。それだけに子や孫たちにそのまま残してあげたいと必死になって一〇年余もの長期にわたって抵抗を続けているわけです。

私が県知事をしていた時、県は三ヵ年かけて沖縄全域の環境調査を実施して、「全面的に開発を認

2　一九七〇年一二月二〇日未明、コザ市（現沖縄市）で起こった暴動事件。飲酒運転の米兵が起こした事故をきっかけに、数千人が米軍車両約八〇台を横転、炎上させた。

める地域」と「一部の開発しか認めない地域」と「一切の開発を認めず現状のまま保全すべき地域」とに分類し、各地域毎に指定しました。その中でも辺野古や大浦湾一帯は、海がきれいで自然が殊の外豊かなので「一切の開発を認めず現状のまま保全すべき地域」として一位にランク付けしている所です。そこに基地を作られたら、県は自ら制定した環境指針や環境条例に違反することにもなりかねません。

それとは別に憲法問題も絡んできます。日本国憲法は、人間の平等や平和的生存権を保障しています。仲井眞県政は普天間は都市地域にあって米軍による事件・事故が起きたら多くの犠牲者が出るので、人口の少ない辺野古に基地を移せば犠牲者の数は少なくてすむとの発想のようですが、辺野古の主婦たちが県庁にやってきて抗議したように、辺野古に移しても事件・事故は防げないので犠牲者が出るのは間違いないのです。したがって人間の命が平等なら犠牲者の多寡の問題ではないのではありませんか、と正論を述べ立てたのです。それで私は「そのとおりです。ですから基地の移設は絶対に容認しません」と申し上げました。

また辺野古や近郊住民が大事な生活源としている場所に基地が新設されたら、単に事件・事故が妨げないだけでなく経済的にも大きな打撃を受ける恐れがあります。

現在の沖縄の経済は、基地依存から脱却して観光産業で維持されています。中でもエコツーリズムが重要ですが、辺野古や大浦湾一帯は、殊の外海が綺麗で自然も豊かなのでそのメッカになっています。ですからそこに基地を作られたら経済的悪影響は免れないように思います。

ちなみに一九六一年頃までは、基地収入は県民総所得の過半数の五二％位を占めていました。その頃は、約五万五〇〇〇人の住民が基地で働いていました。それが日本に復帰した一九七二年頃になると基地は削減されないにも拘らず労働者の数は二万人程に激減し、基地収入も県民総所得の一五・五％に減少しました。現在は基地で働く従業員は約九〇〇〇人で基地収入も県民総所得の四・六％から多い時で五・四％となっています。代わって観光産業、特にエコツーリズムをさらに保護育成する必要があるので、そのメッカに基地を作らせるわけにはいかないのです。

本島北部における旧日本軍との忌まわしい過去

大田　ところで、話は少しさかのぼりますが、沖縄戦が始まる一〇年程も前の昭和九年に、沖縄連隊区司令部の石井虎雄司令官が、沖縄防備対策という極秘電報を東京の柳川平助陸軍次官宛てに送っています。長い電報ですが、その内容は四点に要約することができます。

まず一点目は、もし沖縄で戦争が始まったら、沖縄全域に戒厳令を敷けと言っています。戒厳令というのは民間の持っている権限、例えば県知事、警察、学校長、裁判官などが持っている権限をみんな軍隊に委ねることなんですね。

それから二番目に、沖縄は無人島も含めて一六〇あまりの島々から成り立っているので、その周辺を日本の一大海軍力で固めて守らなければ、どんな小さな島一つでも取られてしまうと沖縄本島がだめになってしまう。沖縄本島がだめになったら日本本土がだめになるからと言うわけです。

それから三番目はこれが一番大事なことですが、沖縄はかつて琉球王国という独立国家だった。したがって、他府県の人々に比べると沖縄の人々は、天皇のため、国のために命を捧げるという気概が非常に希薄である。天皇の存在さえ知らない人々さえ少なくないので常日頃から厳重に監視しておかないと、いざとなった時、敵側についていく可能性さえあるから、厳しく監視せよと述べています。四番目に、沖縄は生活必需品の八〇％を県外から移入しているから、もし戦争が起きて敵に輸送路を断ち切られてしまったら、敵軍が上陸する前に、住民は食糧難で自滅するだろうと言っています。ではその後、沖縄戦が始まって、実際にどうなったのでしょうか。日本の敗戦後、防衛庁戦史室のメンバーが沖縄にやってきて、戦争から生き延びた戦前の沖縄のリーダーたちにインタビューしていますが、那覇警察署長や新聞社の社長などが、「戒厳令は実際に公布はされなかったけれども、公布されたのと全く同じ状況だった」と証言しています。

二番目の一大海軍力で沖縄の島々の周りを取り囲んで守れという課題は、すでに一九四二年のミッドウェー作戦などで日本の連合艦隊は壊滅状態に陥っていて、とてもそんなゆとりはなかった。その結果、米英連合軍はいとも容易に慶良間諸島や沖縄本島に上陸したあげく旧日本軍を降伏に追い込んだのです。

三番目の住民を絶えず監視せよ、という課題ですが、戦時中は日本全国で隣組だとか様々な団体や組織があって、それらのメンバー同士がお互いに監視し合っていました。

沖縄でも名護市の大政翼賛会国頭支部で秘密裏に「国士隊」という特務機関が組織されました。そのメンバーは、三三名でほとんどが北部地域の主要リーダーたちを網羅していました。すなわち学校長とか、市町村長や県議会議員、さらには、お医者さんとか、農協長とか、日頃から一般住民と緊密に接触している人ばかりでした。この人たちは、いざ戦争になったら住民を安全な場所に移すことが期待されるのですが、そうはせず逆に住民を監視して、「こんな戦争は早くやめた方がいい」とか「この戦争は負けそうだ」という言動をなす者を守備軍司令部の情報部に密告して処罰させたのです。

沖縄守備軍司令部は、首里城の地下三〇～三五ｍの所に一〇〇〇ｍ以上の地下壕を掘ってそこに入っていました。一五〇〇人から多い時には三〇〇〇人余の将兵が入っていました。牛島満守備軍司令官は、一九四四年八月三一日の赴任最初の訓示で「軍・官・民の共生共死の一体化の実現」を命じていたので、国士隊は、その実現を期すべく北部地域の住民を日常的に監視したのです。

高野　沖縄全体ではなくて、特に名護で？

大田　そうです。名護には機密戦を担当する宇土部隊があったからです。牛島司令官は、また「防諜に厳に注意すべし」とも最初の訓令で命じていたので、国士隊のメンバーは、とくに住民が流言《りゅうげん》蜚語《ひご》に迷わされることがないようにと監視を強化したのです。そのあげく多くの住民が根拠もなしにスパイ視され殺害される事件が相次ぎました。

ＳＡＣＯ設置と当初の移設計画における日米の齟齬

大田　ご存じのとおり一九九五年の九月に三人の米兵による少女暴行事件が起きました。それに怒って八万五〇〇〇人もの住民が抗議大会を開いたので、日米両政府は沖縄の人々の怒りを慰撫するために、沖縄に関する特別行動委員会、すなわちＳＡＣＯを設置して基地の削減を図りました。日米両政府とも、ＳＡＣＯ設置の趣旨に基づき中間報告と最終報告を出しています。その最終報告に、普天間基地の辺野古への移設が謳われていますが、日米双方の最終報告の中身が異なっていました。日本政府は現在の普天間基地を五分の一に縮小して辺野古に移すと公表しています。建設期間は五年から七年、建設費用は五〇〇〇億円以内。そして実際に最初の計画では、現在の普天間基地の滑走路は二四〇〇ｍもありますが、それを一三〇〇ｍに縮小し、前後に一〇〇ｍずつの緩衝地帯を設けて一五〇〇ｍの滑走路にすると発表したのです。

ところが米国防総省のＳＡＣＯ最終報告では中身が全く変わっています。すなわち建設期間は少なくとも一〇年はかかるとしているうえ、ＭＶ-22オスプレイを安全に運航できるようにするためには、少なくとも二ヵ年の演習期間が必要だと。したがって基地が完成しても、実際に使い始めるには少なくとも一二年はかかると発表しています。しかも運用年数四〇年、耐用年数二〇〇年になる基地を造ると明言しているのです。そのため予算も一兆円ぐらいかかると報じているのです。

ところで在沖米海兵隊砲兵隊の中隊長のロバート・ハミルトンは、海兵隊の機関新聞「Marine Corps Gazette」に基地問題についての論文を六、七本発表しています。彼は技術屋で日本の科学技術研究所で研修も受けたようですが、辺野古に造る基地は、日米安保条約と全く関係がないと断言しています。彼によると辺野古への移設は日本の鉄鋼業界を救うための政治目的で作るもので、折角作っても真珠湾に次いで世界で二番目に海底に沈む基地になるだろうと述べています。すなわち鉄の柱を何千本も立ててその上に鉄の箱をいくつもリングでつないで、その上に厚い鉄板を張って滑走路を作るのだが、鉄の箱と箱とを結ぶリングが日本でもアメリカでもまだ発明されていない。その技術は北欧が一番進んでいるので、アメリカ海軍省が二億ドルの予算を支出して北欧に研究を依頼しているが、まだ仕上がっていない。そのため現在のリングでは沖縄の暴風に耐えることができずに海底に沈んでしまうというのです。

高野　まだ未完成の技術ですか？

大田　はい。そのとおりのようですね。現在、普天間では腐食を防ぐためヘリコプターを二週間に一回ずつ真水で洗っていますが、基地を辺野古に移すと、塩害がひどくなるので毎日でも洗わなければならなくなる。ちなみにヘリコプターを一機洗うのに四トンの真水が必要だとのことです。すると有翼機も含めて一〇〇機ぐらいになりますから一日四〇〇トンの真水が必要になります。沖縄は年がら年中水不足に苦しんでいて、どこからそれだけの大量の水を持ってくるかという問題が生じます。ハミルトンは辺野古に基地を作ったら、MV-22オスプレイを一回に二機ずつ洗うことになるので、巨大な水タンクを設置する必要がある。兵舎も海上に作らねばならない。そして、食堂も海上に作らねばならないし、食糧倉庫も必要になる。格納庫も不可欠となるだけでなく、バーやクラブも欠かせない。するとウイスキー倉庫も必要となる、といった具合に規模はふくれ上がって関西国際空港なみに巨大化し、費用も一兆五〇〇〇億円にもなりかねないと述べています。

高野　結局、ヘリが実際にいる所から遠く離れて暮らすわけにはいかないのですね。

大田　おっしゃるとおりです。ですから本土の多くの人たちは、辺野古への基地移設は自分たちとは何の関係もないと考えて、移設に賛成するのが過半数も占めているのです。つまり基地の中身について知らないだけでなく、普天間基地を辺野古に移設したら自分たちの頭上にどれだけの財政負担がおっかぶさるかも考えずに対岸の火事視しているわけです。

その一方で、沖縄では八〇％以上が辺野古への移設に反対しています（琉球新報社と沖縄テレビ放送が実施した世論調査による)。

新しい基地の実態と費用

大田　トーマス・キングという普天間基地の副司令官がいますが、彼は普天間基地を辺野古に移す委員会のメンバーなんです。彼は、辺野古に作る基地は普天間の代りの基地じゃなくて、軍事力を二〇%強化した基地を作ると言っています。軍事力の強化の中身は何かと言うと、今普天間基地では、米軍のヘリ部隊がイラクやアフガニスタンに出撃する時に爆弾を積めない。嘉手納基地で積んでいるのです。ですから普天間基地を辺野古に移したら、陸からも海からも自由に爆弾を積める施設を作ると述べています。そして、MV–22オスプレイを二四機配備するので軍事力が二〇%強化されると言うのです。ちなみに現在の普天間基地の年間の維持費は二八〇万ドルだけれども、これを辺野古に移すと二億ドルに跳ね上がる。それを日本の税金で負担してもらおうとアメリカ側は明言しています。

「血を見る事件・事故」の懸念

大田　このような中身の巨大な基地を新設されたら、沖縄は未来永劫に基地との共生を余儀なくされるので住民が徹底して抵抗しているのです。しかしそれでも政府は、あくまでも辺野古への移設こそが普天間の危険性を除去する唯一の道だと言って強行しています。おまけに仲井眞県知事が最初は県外・国外に移すとの公約をひっくり返して辺野古への移設を受け入れることにしたため、問題をいちだんと険悪にしているのです。県民の七四%が知事の変節を批判しているので、本体工事が始まると血を見る事件・事故が起きかねず、そうなると、コザ騒動どころかもっとひどい事態になりかねないと懸念しているのです。コザ騒動の場合は五〇〇〇人程のコザ市民が関与しましたが、今は沖縄中で怒りが満ち溢れているので騒ぎはより深刻なものになるのが予想されます。

高野　つまり、反対する市民が道路に座り込んで工事車両を通さないとか、それを警官隊が排除するとか、そういうことで血を見る騒ぎが起こるということですか？

大田　それだけじゃなくて、住民が米兵とじかに対決する場面さえ出てくる可能性さえあります。すると自衛隊は米軍基地を守る責任があるので両者の間に入って介入しかねません。そうなると事態はますます悪化する恐れがあります。沖縄の人々は今でも沖縄戦における旧日本軍の住民殺害を忘れておらず、それゆえ自衛隊の県内配備に反対していたくらいなのです。

来る一一月の知事選挙で、どういう知事が誕生するかによって、沖縄の現状が一変する可能性も考えられます。しかし、選挙は最終的に蓋を開けてみないと結果は分かりません。ただ、沖縄の現在の実情を見ますと、県内には一一の市がありますがそのうち、正面切って辺野古基地に反対するのは名護市だけなんですね。あとは八重山とか宮古を含め沖縄本島の他の首長たちは、どちらかと言うと政治的に保守的な首長ばかりなんです。それだけに中央政府の言いなりになって基地を受け入れる方向に行きがちです。沖縄選出の自民党国会議員たちが自民党の石破幹事長に脅されて基地の県外・国外への公約を一挙にくつがえして住民に屈辱感を与えているのもその一例に過ぎません。

高野　相当プレッシャーもかけられたみたいですけど。

大田　政府は憲法に保障された地方自治に配慮するどころか、露骨にありとあらゆる手法を用いて圧力をかけています。今の日本政府の対沖縄政策を見ていると、到底民主主義政権とは言えません。

高野 問答無用という姿勢が見える。より大きな反発を引き起こす可能性は高いですね。

「島ぐるみの土地闘争」の経験

大田 まさにおっしゃるとおりです。私などが基地を容認してはいけないと主張するのは、ただ単に日本の〇・六％しかない狭小な沖縄に在日米軍の専用施設が七四％も集中しているということだけではありません。沖縄の空域の四〇％と二九ヵ所の港湾水域も米軍の管理下に置かれています。そのため沖縄の人々は自分の土地も空も海も自由に使えない状況下にあるのです。

沖縄の米軍基地は一九五三年から五七年にかけて、米軍が地元農民の土地を銃剣とブルドーザーを用いて強制的に接収して軍事基地化したものです。[3] そのため史上初めての「島ぐるみの土地闘争」[4]が起きました。当時、沖縄は産業別に見ると八割が農家でしたが土地を失っては農家は生きていけません。土地を失った地主たちは沖縄本島の東海岸の久場崎付近にテント小屋を張って住んでいましたが、大変みじめな生活を強いられていました。さすがに日米両政府ともそれを見かねて、世界中に沖縄の移民を受け入れてくれる所はないかと打診したところ、南米のボリビアだけが受け入れを容認したので、土地を奪われた地主たちを五〇〇世帯単位で次々にボリビアに送り込みました。とは言え、

3　一九五三年四月に米軍は「土地収用令」を公布、五五年には宜野湾村（宜野湾市）伊佐浜の土地接収を通告。住民や支援者の座り込みによる抵抗から「島ぐるみの土地闘争」へ発展した。

4　当事の県民八〇万人中、五〇万人が参加したと言われる。「土地を守る四原則」（地代一括払い反対・適正補償・損害賠償・新規接収反対）が掲げられた。

ボリビアには田畑があるわけでもなく山地を切り拓いて畑にするなど棄民同然の生活を余儀なくされた上、移民だけに流行する病気にかかり二〇名近くが死去する有様でした。

高野　何年頃ですか？

大田　一九五〇年代の中期頃でした。そのような背景を受けて一九五三年から五八年までは島ぐるみの土地闘争が燃え広がり、沖縄の歴史始まって以来の大衆闘争が発生したのです。一九五三年頃までは一部の例外を除いて沖縄の人々の米軍に対する態度は友好的で、むしろ感謝の気持ちさえ抱いていました。沖縄戦の過程で命を救ってくれたのは、旧日本軍ではなくて米兵だったからです。しかも敗戦後、沖縄では一年間通貨の流通もなく全てに不自由していました。住む家もなく食糧や医薬品のほか衣類もない時に、食料品や衣類やテントなどを無償で配給してくれたのは米軍でした。けれども一九五三年に米軍が「土地収用令」を公布して農民の土地を強制的に収用したので、人々の態度は一変して反米的となり、史上空前の島ぐるみの土地闘争に走ったのです。

沖縄と平和憲法

大田　沖縄は、一九七二年に日本に復帰するまで、日本国憲法が適用されていませんでした。憲法が適用されていないにもかかわらず、沖縄では憲法記念日を設けたり、県都那覇市では「憲法手帳」を市民に配るなどしたほか、敗戦後から始まった日本復帰運動のスローガンに「平和憲法の下に帰る」を掲げて復帰運動を推進しました。このように沖縄ほど憲法と無縁なところはなかったにもかかわらず逆に沖縄ほど現行憲法を大事にし、憲法を日常生活に生かす努力をしたところはないと言っても過言ではありません。大日本帝国憲法が制定された時も、現行の平和憲法が制定された時も、沖縄代表は国会には出ていませんでした。

沖縄代表が国政の場に出るようになったのは、大日本帝国憲法下では他府県より三〇年も遅れただけでなく、現行憲法の場合にも二〇年余も遅れたのですよ。その上沖縄の人々が「平和憲法の下に帰る」と切実に願ったにもかかわらず、実際には日米安保条約の下に復帰させられたのです。そのため一体復帰とは何だったのか、と改めて復帰の内実を問い返す事態となっています。

辺野古への移設問題の経過、実は六〇年代から

大田　ところで普天間基地の辺野古への移設問題の経緯を振り返ってみますと、それは一九九六年から橋本総理と私の間で始まったように思っていました。すなわち一九九五年九月に三名の米兵による少女暴行事件が発生、それに怒った県民八万五〇〇〇人が集結して抗議大会を開きました。すると日米両政府は、慌てて県民の怒りを緩和するため沖縄に関する特別行動委員会（ＳＡＣＯ）を設置して何か所かの基地を返還することで合意したのです。

ところがそれに先立つ同年二月にジョセフ・ナイ国防次官補が「東アジア戦略報告」を公表して、今後五〇年さらにはその後も東アジアに米軍一〇万人体制を維持する、と公表しました。それを見てこれは沖縄の米軍基地の恒久化につながる恐れがあるとして、私は折から懸案になっていた土地の貸借に関わる代理署名を拒否する決意を固めると共に、「基地返還アクション・プログラム」を策定して二〇一五年までに沖縄の米軍基地を全て撤退させることを決意しました。すなわち二〇〇　年まで

に一番返し易い所から一〇の基地、二〇一〇年までに一四の基地、二〇一五年までには嘉手納基地を含め残りの一七の基地を全部返してほしい。この返還計画を日米両政府の正式の政策にしてほしいと一九九六年一月に要請しました。二〇一五年をターゲットにしたのは、折からアメリカでは二〇一五年を目標にした図書が何冊も出ていて、その中の一つに『二〇一五年の世界情勢』という本がありました。この本はアメリカの軍事評論家や学者など一六人が共同で執筆したもので、二〇一五年の世界情勢をシミュレートしたものです。それによると、二〇一五年になると台湾海峡問題も朝鮮半島問題もほぼ落ち着いているので在沖米軍は必要なかろうという趣旨の記述がありました。そこで私たちは二〇一五年を基地返還のターゲットに設定したのです。それに加えて次のような事情も考慮しました。

二〇〇〇年に細川元総理が『フォーリン・アフェアーズ』というアメリカの外交雑誌に論文を発表し、二〇〇一年には思いやり予算の期限が切れるので日本政府はそれを延長することなく断ち切って、在日米軍を六年以内に撤退させ、その二年後には日米安保条約を破棄して日本平和友好条約に改めることを米政府に通告すべきだと論じていました。ほぼ同じ時期にアメリカのシンクタンクのケイトー研究所がアメリカの連邦議会に勧告書を提出、在日米軍を五年以内に撤退させその二年後に米政府は、日米安保条約を破棄して平和友好条約に改める旨、日本政府に勧告すべきという細川元総理の提言と似た内容のことを陳述していました。

そのため私たちは、二〇一五年までに在沖米軍基地を全て撤退させるよう日米両政府に訴えたのです。すると橋本総理から最優先に返してほしい所はどこかと聞かれたので、それは普天間基地ですと答えたのです。周辺に一〇数個の学校や病院、市役所などがある他、滑走路の延長線上のクリア・

ゾーンには建物を作ったり人間が住んではいけないにもかかわらず、普天間第二小学校ができ、三〇〇〇人もの市民が住んでいて一番危険な基地なので真先に返してほしいとお願いしたのです。すると一九九六年四月にクリントン大統領が来日されることになり、それに先立って橋本総理とモンデール駐日大使とが話し合って普天間基地の返還に合意しました。しかも県が二〇〇一年までに一〇の基地を返してほしいと要請していたのに対して、普天間を加えて一一の基地を返すことに日米両政府が合意したのです。それで非常に喜んだわけですが、ずっと後になって一一返すけれどもその中の七つは県内に移設すると言われ、とんでもないと拒否するに至りました。移設というのは新設にもひとしく、コンクリートで造るので恒久化する恐れがあったからです。

　こうして折角の基地返還問題も思わしく進捗しない状況下で県の公文書館にアメリカで解禁された機密文書が入り、普天間の移設問題が実は一九六〇年代からの課題だったことが判明しました。それを見て私はとても驚きました。

高野　六〇年代半ばにアメリカが考えたのと様変わりしているわけですね、お金の出所が。

大田　そのとおりです。私たちがこの事実を知ったのはつい最近のことですが、基地移設に使う余分のお金があるなら、それで福島の復興を一日でも早くすべきだと言っています。ところが本土では、辺野古に基地を移す問題について、こうした中身についてよく分からないので移設に賛成する者が過半数を占めているのです。先にも述べましたが辺野古へ基地を移したら個々の納税者の頭上にどれだけの財政負担がおっかぶさるか、本土では考えようともしないのです。

高野　自分たちの税金が消えていくことを知らない。気が付いていない。

大田　この機密文書の件は、沖縄でもろくに知っている人はいません。一部の人々しか知っていない状況下で事が着々と進んでいるわけです。しかも日本政府はＳＡＣＯの最終報告で普天間基地の二四〇〇ｍの滑走路を一三〇〇ｍに縮小すると公表していたにもかかわらず、現行計画では一八〇〇ｍの滑走路をＶ字型に二本作るとなっているので逆に普天間基地のそれより大きくなり、予算もそれなりにかさむことになります。

一九六〇年代の後半に米軍がアメリカのゼネコンに頼んで普天間基地の移設を計画した当時は、沖縄に日米安保条約が適用されていなかったので、基地を移設する移設費も建設費も維持費も米軍は自己負担しなければなりませんでした。しかしベトナム戦争の最中で折からドルの下落などもあって金がないので、日本政府と密約を結び、沖縄が復帰して日本国憲法が適用されても基地の自由使用は認めるし、核兵器も自由に持ち込めることが可能となったので、滑走路の青図面まで出来上がっていた計画案を放置していました。それが今日四〇数年振りに息を吹き返しているわけです。それも今では日本側が思いやり予算も含め全ての費用を税金で賄うことになるので、米軍にとってはこんな有難いことはないのですよ。

日本の納税者は、自分たちが支払っている税金がどのように使われているかについて、もっと関心を持ってほしいとつくづく思います。

ちなみに「思いやり予算」を含め、わずか四万数千人の在日米軍のために日本が支出している駐留費の年間総支出額は、沖縄の一四〇万人の住民を養うための県予算よりはるかに多いのが実情です。二〇〇九年度の日本側負担の駐留費総額は、いわゆる「思いやり予算」一八八一億円、防衛省支出分の基地周辺対策費・賃借料一七三七億円、同じく防衛省支出分の在日米軍再編経費一三二〇億円、SACO関連経費一六九億円、他省庁支出分の基地交付金など三八四億円、土地の賃借料一六五六億円などを合計すると、七一四六億円にのぼります。一方、同年度の沖縄県予算は六七三〇億円強に過ぎず、その差は四〇〇億円を超えているのです（二〇一〇年九月二一日付『赤旗』）。とくに「思いやり予算」は、一九七八年に始まった当初、基地従業員の人件費の一部として六二億円を計上していたものが、わずか二〇年余で三〇倍以上に達しているのです。

また、ジョージ・パッカード米日財団会長が最近『フォーリン・アフェアーズ』に寄稿した論文によれば、日本政府が負担している思いやり予算の支払い対象リストには、沖縄の米軍基地のために働く七六人のバーテンダー、四八人の自動販売機管理人、四七人のゴルフコース整備係、二五人のクラブ支配人、九人のレジャーボート操縦士、六人の劇場支配人、五人のケーキ職人、四人のボウリング場係、三人のツアーガイド、一人の動物世話係が含まれているとのことです（『フォーリン・アフェアーズ』二〇一〇年三・四月号）。

ここまで世話してもらえれば、米兵たちが沖縄に居残りたく思うのは無理もないでしょうね。

高野　騒音の問題もありますね。

大田　おっしゃるとおり騒音の問題は深刻です。私が県知事の時、三ヵ年かけて専門家に依頼して騒音が身体に与える影響について調査したことがあります。基地周辺の人々は日夜飛び続ける米軍機の騒音によって生命の危機に晒されているだけでなく、難聴児や未熟児が生まれるなど身体に悪い影響を与えることが判明しています。

　ところで現在、政府は辺野古への基地の移設が反対派の住民によって妨害されないようにするため、陸地から五〇mだった立ち入り禁止区域を二〇〇〇mに拡大しているだけでなく、本土から多数の警察官を動員している上、海上保安庁の職員たちもゴムボートに乗って日々警護する有様です。

高野　金網があるところですね。

大田　そうです。反対派住民が立ち入り禁止区域に入ると、すぐに検挙されるようになっていて徒に住民感情を掻き立てているのです。このような実情から、血を見る事件・事故が起きかねず、それに伴い今年は一一月の県知事選挙も絡んで最悪の年になりかねないと懸念している次第です。

再編実施のための日米ロードマップ

高野　県知事選で、基地反対の知事が出てきた場合、日本政府側はどうなるんでしょう？　前の知事の仲井眞さんがOKを出した環境評価その他は手続きに齟齬があるといって、もう一回やり直すことはできるんでしょうか？

大田　それは非常に難しいと思います。問題は、二〇〇六年に公表された「再編実施のための日米のロードマップ」の結果が不明だからです。この計画では在沖米海兵隊八〇〇〇人とその家族九〇〇〇人をグアムに移すことになり、その費用は一〇三億ドルと見積もられ、そのうち日本側が六〇億ドル負担することになっていました。ところが米連邦議会上院の軍事委員会の三人の有力議員が、予算が足りないとして凍結しているのです。

高野　それで行けば、今年実現しているはずだった。

大田　そうだと思われますが日本政府はすでに八億ドルを支出しているけれど、有力議員たちは国防総省に対し、予算を精査した報告書の提出を求め、それがなされていないとして今年までの三ヵ年分の予算を凍結しているのです。

またそれとは別に米国防省が公表した環境影響評価書の中で、グアムの先住民たちが最初にグアムに移住した集落跡を聖なる場所として大事にしているのですが、そこに金武町のキャンプ・ハンセンの実弾射撃演習場を二つも移設する計画を発表したので、先住民たちが怒って反対したのです。それで国防総省は現在その見直しを図っているとのことです。一方、グアム政府や議会、商工会議所などは、経済的に厳しいことを理由に基地を誘致したいと欲しています。グアムにはかつてB52が駐留していたアンダーセン空軍基地がガラ空きになってあります。この基地は普天間基地の一三倍もある巨大なものです。またアプラ湾に米海軍の基地があったけど、それも再編で撤退したため経済的苦境に陥っているとして在沖米海兵隊を歓迎すると言っているのです。

グアム移設計画の頓挫

大田　最近は、グアムに移す予定だった八〇〇〇人の海兵隊を四七〇〇人に減らして、一部の海兵隊をオーストラリアの北方のダーウィンに駐留させ、残りの一部をハワイに分散して移す計画も表面化しています。しかしアメリカの海外基地については、上院の軍事委員会が強い権限をもっているので、予算の凍結がいつ解除されるか、予想がつかない状態です。いずれにしても海兵隊の国外移転問題と普天間基地の移設問題が複雑に絡んでいて早急の解決の見通しは容易につかない状況です。

高野　ローテーションですね。

大田　そうです。海兵隊は、常駐から演習のためのローテーションに変わりつつあります。それでも、最近の新聞では、次年度の予算も上院の有力議員が凍結すると報道されています。アメリカの下院の方は、政府の言うとおりに予算を認めているわけですが、上院の軍事委員会の強力メンバーが予算を凍結してしまって、これが解除されない限り、グアムへの移転問題は非常に難しいです。ですから、一時は辺野古に普天間基地を移すこととグアムに米海兵隊を移転するのと、パッケージだと言っていましたが、そういう難しい背景があって、今は別々にする考えのようです。

高野　上院の方がストップをかける理由はどういうことなんですか？

大田　グアムは離島ですからアメリカ本国とは物価が違うので、上院議員たちは具体的に個別の予算を精査することを要求しているようですね。一〇三億円では到底グアムに移せず、あと五〇数億円がかかると主張しています。そうなると日本側の負担がより一層巨額になる恐れがあります。

高野　いろんなものが輸入ですからね、あそこは。

日本はアメリカの属国か……

高野　ＳＡＣＯの同意からだけでも、十数年もかかって、できるかできないか分からない話です。

そこにもってきて、今週オバマさんがウェストポイント（陸軍士官学校）の卒業式で演説して「長かった戦争の時代を終わらせる時が来た」と演説したわけですね。アメリカは軍事介入をしないと弱虫と見られると言う人がいるけれど、そういう考えはとらないということまで言った。日本はいま安倍さんで、戦争が出来る国になろうと一生懸命背伸びしているけれど、オバマさんの方は戦争しない国にしようと言って大きな流れが出来ている。海兵隊無用論というのはそもそも昔からアメリカや議会にもありますけれど、こんなことをしているうちにどんどん海兵隊はいったい何のためなんだという話になってくるんじゃないですかね。

大田　ともあれ在沖米軍基地問題についてもアメリカ政府に対して、日本政府はもっとはっきりと物を言うべきだと思います。アメリカ政府の言いなりになっているとして日本はアメリカの属国だという本まで出ています。日本政府は、抑止力を維持するため海兵隊の駐留は不可欠だと言っていますが軍事専門家たちは海兵隊が抑止力になっているとは全く思っていません。

ちなみに安倍総理はアメリカの艦船に乗っている日本人を救うために集団的自衛権が必要だと言っていますが、アメリカは世界最高の軍事力を持っているのでその必要があるとはとても思えません。

高野　何失礼なこと言っているんだ（笑）。

大田　日本側が軍事大国アメリカを助けるなんてちょっとおかしな話ですね。

高野　海軍にとっては艦隊防衛なんていうのは一番の根本、ベーシックな作戦ですから、それをたまたま米艦船がいて、それに日本人が乗せてもらえるという可能性は、全くもってたまたまの話ですし、それが一隻だけ護衛もなしにフラフラ一人で日本海を渡るというケースが、何百年に一回あるのかどうか、理解に苦しみますね。

もう一つの基地問題

大田　沖縄から見ていると今の日本は非常に危険に見えます。特に憲法を変えてしまったら、戦後日本は死んでしまうだけでなく、その悪影響は真先に基地沖縄に波及します。政府は島嶼防衛という名目で、二〇〇〇人もの自衛隊を宮古、八重山に派遣しようと図っていますが、それは地元住民の意向に反する行為です。

高野　もう一つの基地問題が出て来た。

大田　当該地の一般市民が危ないから助けてくれと要望したのなら軍隊を派遣してもいいかもしれませんが、要望もしていないのに勝手に軍隊を派遣するのは不当と言うよりありません。沖縄の人々は、さる沖縄戦の体験を通して、軍隊は非戦闘員を守らないという明確な教訓を得ています。過去の歴史的な体験を通して、沖縄では戦争を憎み平和を希求する気持ちがとても強いと思います。それだけに、県内に人殺しと結び付く軍事基地を作ることには半ば本能的に反発する人々が大多数を占めているのです。私が知事在任中に、アメリカの下院軍事委員会のメンバーのマクヘイル議員を沖縄にお招きして基地を見てもらったことがあります。彼は基地を見た後、在沖米軍を全部本国に引き揚げさせるべきだと主張しました。彼に言わせると、次に戦争が起きたら、真先に嘉手納基地が攻撃の的になるからだと言うのです。つまり沖縄というこの小さな島国に、陸・海・空・海兵隊というアメリカの四軍がひしめいているけど、その四軍の兵士たちは、将来のアメリカを背負って立つ若者ばかりだと。したがってもし戦争が始まったら真先に沖縄が攻撃の的になり、たくさんの米兵が死ぬ恐れがあるので直ちに引き揚げるべきだと言うわけです。基地があると、必ずそこが戦場になる恐れがあるからです。

一般には余り知られていませんが、サンフランシスコ平和条約を結ぶ時に、吉田茂総理が琉球諸島は将来は日本に返してほしいけど、いまは米軍が軍事基地として使いたがっているから、バミューダ方式で使わせるということを、平和条約を結ぶ日本側の条件として提起するように、当時の外務省の西村熊雄条約局長に指示したという記録が残っています。バミューダ方式というのは九九ヵ年の租借ですよ。そのような背景もあって沖縄の基地問題の解決は至難な業になっているのです。

高野　辺野古にしても、日本の防衛省の方が非常に熱心で、森本敏さんが「一番やりたがっているのは防衛省なんだよ」とぽろっと言っていたことがあって、海兵隊が出ていった後、ちゃっかり自衛隊がいただく計算があるんじゃないか、ということを言っておられたことがありました。

大田　まさにそのとおりで、政治的な配慮で辺野古に基地を移そうとするわけですよ。将来の沖縄を考える場合、差し当たって今年は血を見る事件・事故が起こらないように切に願っています。それと知事選挙がどういう結果になるかが気がかりです。最近県民の間で〝オール沖縄〟という言葉がはやっていますが、実態は必ずしもそうはなっていません。自民党の国会議員たちが裏切ったように、何が起きるか知れません。日米両政府ともそのことに十分に配慮していただかないと日米安保条約の崩壊にもつながりかねません。沖縄の住民感情については、むしろアメリカ側の方が非常に配慮していて、日本政府の方が無視しがちです。私たちは普天間基地の辺野古への移設をすぐに断念してほしいと心から念じています。

第2章　ウチナーンチュの尊厳

呉屋守將　＋　鳩山友紀夫　＋　高野　孟（二〇一四年八月四日放送）

県民のためのビジネスを

鳩山　今日は、建設土木をはじめスーパーからホテル、ゴルフ場、様々な事業を営んでおられます、金秀《かねひで》グループ会長の呉屋さんにお出ましをいただき、高野孟さんと共にお送りします。呉屋さんの略歴を簡単に紹介しますが、今お話をうかがうとペルーとも縁がある。

呉屋　母がペルーのリマ生まれで、三歳の時に日本に戻ってきて、うちのおやじと知り合って結婚して今日の私がある。今でも多くの方にお世話になり、多くの沖縄県の関係者がお世話になっている。

高野　ペルーの日系人の大半は沖縄と関係があるんですか？

呉屋　そうですね、七割は県人です。

鳩山　名古屋工大を卒業されて、その後、ジョージア大学の大学院に進まれた。そして、北野建設、県庁の仕事を経て、一九八六年に現在の金秀建設の前身である金秀鉄工に入社をされて、九一年に社長になられて九七年からは金秀本社の社長、さらには会長をやっておられるという。

高野　要するに、県内有数の企業グループと言ってよろしいでしょうか？

呉屋　今では、多少なりとも形ができておりますけれど……。

鳩山　「多少なり」ではいかないでしょう。大変なビジネスをやっておられる。

呉屋　鳩山理事長からも、いろいろビジネスを手広くやっていると、過分のご紹介をいただきましたが、実はいずれも儲からない部門ばかりでして。なぜそんな儲からない部門ばっかりやっているのか釈明させていただきたい。創業者が「沖縄県民に雇用の場を与えなければいけない。そうしながら経済を構築するというのが我々の務めだ」という、我々の実力に見合わないような壮大な理想に燃えておりまして、それが今日に続いております。

高野　創業者というのはお父様（呉屋秀信氏）ですか？

呉屋　そうです、昭和三年生まれです。まだ元気で、八時には出勤するんです（笑）。五時から泡盛タイムやるんですよ。泡盛を飲みながら彼の人生、教訓、あるいはビジネスの哲学というのを、我々幹部を集めてはいろいろレクチャーしている。私は、現場を見ているんですね。実動部隊です。正規軍でしょ、一対複数のボリュームでようやく戦える。彼は一つの現場を見ては、これはどうなっているんだ、嘘でもつこうものなら、俺が見たら違うと言うんです。

高野　頭が上がらないですね（笑）。

鳩山　ビジネスは儲かればいいということだけではない、県民や国民の幸せのためにビジネスは存在しているんだという哲学は大変素晴らしいですよね。その哲学からまた今回のいろんなポジションが生れたと私は思っておりまして、今年の沖縄の県知事選に向けてのお話もじっくりと聞かせて頂ければと思います。

経済界からみた沖縄県知事選

鳩山　まず一つは、七月二五日付の沖縄タイムスに「翁長氏、九月初め沖縄県知事選出馬表明」とあり、翁長雄志《おながたけし》氏が普天間基地の辺野古移設とオスプレイ配備反対を中心の政策の中心に掲げて、九月の初めに出馬を表明すると書かれています。[1]

1　九月一〇日に正式表明した。

高野　なかなか、周りが出る出ると散々言いながら、翁長さんから正式に表明はなかった。それが九月の市議会を終えたうえで、那覇市長から県知事選に打って出ることを、きちんと表明されると報道されている。この記事の中で、「革新・中道の県政野党政党、経済界の一部が相乗りで翁長氏を擁立する」とありますが、ここでは「経済界の一部」と言われているのが今日の呉屋さんたちの行動を意味しているんですね。

鳩山　一方でまた今度は琉球新報ですが、七月二五日付で「辺野古新基地、二八日にもブイ設置」という記事がある。仲井眞知事が辺野古の埋め立てを承認したものですから、防衛省が大変急いで、かなり無理をしながらブイやフロートを搬入しているということです。近い将来、海の方にも進出して、海底掘削をやるということで、抗議行動も大変強まってきている。ある意味で一触即発的な状況も出てきている。そういう中での沖縄知事選を目前に控えながら、『赤旗』でも呉屋さんが「島ぐるみ会議[2]」共同代表として紹介されています。この「島ぐるみ会議」を立ち上げられるきっかけからお話しいただけますか？

呉屋　創業者はどちらかというと保守系で、中道ならず右寄りなんです。選挙では保守系のリーダー役として常に頑張ってきた男です。前の稲嶺恵一知事を引っ張り出したのも彼で、「大田知事は負けるよ」と言って。前の県政からは「金秀グループが潰れてもいいのか」という脅しや警告もあったんだけれども、「それで県民のためになるんだったらいいよ」ということで稲嶺さんにご登壇頂いて、

2　「沖縄『建白書』の実現を目指し未来を拓く島ぐるみ会議」。オスプレイ配備撤回、普天間基地の閉鎖および県内移設断念を求めている。共同代表は呉屋氏、平良朝敬かりゆしグループCEOなど一一人。

知事選挙に勝った。

実はグループで「幹部研修会」というのを毎年二回やっているのですが、四年前の幹部研修会で、私は、もう金秀グループは選挙について、社員やグループ構成員の皆様にあれこれ指示するのは傲慢だと申し上げました。それぞれ考える力も見識もお持ちですから、皆さま自身で判断するような取り組みを金秀グループはやりましょうということで、実質的に選挙にはタッチしていなかった。

だけれども、今回の知事選がなぜ大事なのかといいますと、鳩山先生が総理の頃からよくお分かりのように、沖縄県内では米軍基地をたらい回しにしてきた。こんな小さな島にこれだけの米軍基地が必要な理由は、これまで「抑止力」という言葉一つで片付けられてきた。鳩山総理の「最低でも県外移設」という言葉の中で、抑止力というのはいったい何なのか、抑止力というのは、必ずしも軍事力ではないということに、我々はふと気付きました。また、沖縄だけが抑止力というものの負担をすべきではないんじゃないかと。もう一度日本の安全保障とは何なのかを考え、構築していくのが本来の仕事ではないのか、そして、負担は国民が沖縄県民を含めて、等しく負うべきものではないだろうかという認識に立ったわけです。

仲井眞現職にもそれなりの経済振興、あるいは成果を見せていただいておりますけれども、やはり県内における基地のたらいまわしをするのをやめていただくというのが、沖縄の将来を見据えた政策の一丁目一番地であると思っています。ですから、経済界の中から、私はしゃしゃりでてきた次第です。

「政商にはなるな」

高野 今のお考えの流れはとてもよく分かるんですが、沖縄の経済界にも非常に保守的な歴史基盤がある。その中で相当勇気がないと、そういった飛び出し方はできないんじゃないですかね。

呉屋 そうですね、でも、創業者の頃から「政商にはなるな」と言われていました。政治家を支援しても、政商にはなるなと。政治に頼ってはビジネスはうまくいかない。リスクは自分自身で抱えていくものだと。

高野 創業者のお考えがずっと通っているんですね。

呉屋 生れは昭和三年ですけれども、明治生まれのような頑固さがあって。

鳩山 本来金秀グループは建築土木をやっているわけでしょう。辺野古の埋め立てとなれば、相当儲けが出るんじゃないかと普通なら考えたっていい話なのに、そうじゃないのがすごいなと思いました。

高野 もっぱらそっちで儲けている有名企業もあるわけですから。

呉屋 力にならないことをやっているかもしれませんが、我々は「地域社会の一員として県民とともに歩み、百年企業を目指します」というスタンスですし。

高野 経済界ではかりゆしグループＣＥＯの平良朝敬さんも、稲嶺進さんの名護市長選挙では街頭に立って、ずいぶん飛び出している。

呉屋 二人とも経済人として斜めに見える方かもしれませんが、平良さんには平良さん自身の思いがあって。彼はリゾート関係ですよね。

高野 県内最大のリゾート企業。

呉屋　米軍基地とリゾート地は基本的に共存しえないという思いがある。私のところもゴルフ場があってオスプレイがブルブル騒音を立てながら飛んでいますが、そんなのはハワイにもないですよ。ハワイも近くに米軍基地はありますけれど。新聞にも経済界の一部とありますけれど、我々が翁長さんを立てて、島ぐるみで県民の総意を踏まえて、辺野古基地建設は反対だというメッセージを出してから、いろんなパーティー会場で、保守系の重鎮の方々含めて、「よく言ってくれた、頑張れよ」「自分は表には出れないけれども、しっかり応援するから」ということで励ましをいただいている。

鳩山　表には出ないけれど。

呉屋　誰か出ないとなかなか。

高野　表に出るのは一部だけでも、経済界全体ではその気持ちも一部ではないということですよね。

真の意味での「抑止力」

鳩山　素晴らしいことですね。呉屋さんの話を伺って、「抑止力」という言葉に私もドキッとした。私は総理の時に、海兵隊が沖縄に存在することの理由を説明しなくてはならなくて、「抑止力」という言葉を使ってしまった。海兵隊自体は本来抑止力のために存在するものじゃないということは分かっていたつもりだったのですが、言わざるをえない局面があって、あの言葉を使ってしまい、琉球新報に聞かれた時に、あれは方便だったと答えてそっちの方が大きく報道されて、大変ご迷惑をかけてしまった。けれど、まさに軍事力というものが必ずしも抑止力ではなくて、むしろソフトパワーが抑止力になるんじゃないかと考えている。

我々が東アジア共同体構想を高めていきたいというのも、こういうソフトパワー、我々人間関係のネットワークを作っていく。隣国とみんな仲良くして、ここに軍事的な意味合いを持たせる必要はなくなってきているということなんです。どうも安倍さんは逆の発想で、中国脅威論というものを持ち出して、だから沖縄にも基地は必要だ、だからオスプレイだ、だから辺野古なんだという論になる。呉屋さんが同じ抑止力でも、真の意味での抑止力の必要性を説いておられるということに、私は感銘を受けました。

高野 抑止力というのは、物理的な軍事力だけの問題だと考えると、必ず軍拡競争に直結する。こちらが抑止力を高めたつもりでも、向こうは必ずそれを上回る力を持とうとする。するとこちらも負けじと軍拡にはげむ。核抑止力が典型ですけれど、それで米ソが破たんして、もうやめようと、ついに両方が同時にお手上げになったのが「冷戦終結」でした。おっしゃるように、文化力とか経済力とか含め、仲よくすることも含めて、総合的に考える。そういう抑止力の考え方です。安倍さん流の、物理的に力だけというのは過去の考え方ですよね。

沖縄の心を持った政治家

鳩山 その思いを、知事選においてどなたが一番反映して下さるか、ということで、「島ぐるみ会議」を作られた。去年(二〇一三年)の一月以降でしたか?

呉屋 去年の一月に「建白書」を安倍総理に提出しました。[3]

3 沖縄全四一市町村の首長、議会議長が署名したオスプレイ配備撤回・普天間基地の閉鎖および県内移設断念を求める「建白書」を、二〇一三年一月二八日に安倍晋三総理に手渡した。

鳩山　翁長さんが代表になって官邸に行かれた姿を見て、この人だという思いになられたのですか？

呉屋　彼は高校の二年後輩なんですよ。弟と同期で、昔からよく知っております。彼は将来、本当に政治家らしい、沖縄の心を持った政治家になるだろう、ぶれない政治家だということで注目しておりましたけれど、やはりこういう時になっても、沖縄県全市町村長が建白書を安倍総理に提出した中で、ちょっと手を挙げにくくなっている方がいてもぶれない。ずっと手を挙げ続けるというのは、私はやっぱり翁長さんは政治家らしい政治家だと思いますね。

高野　翁長さんのご一家というのは、お父さんから政治家ですね、お父さんの翁長助静さんは元真和志村長、お兄さんの翁長助裕さんも政治家で、副知事まで務めた。そういう政治家一家で、沖縄では当然保守的な地盤の中でやってこられた。それがオスプレイ撤去、普天間返せ、県内移設反対という「建白書」なんて、前代未聞です。東京日比谷野外音楽堂で集会を開いて、首相官邸に乗り込んで、安倍さんに手渡すその先頭に翁長那覇市長が立っているというのは、びっくりする光景でした。

鳩山　もともと保守本流の方ですよね。

呉屋　かつて自民党県連幹事長もやっていますから。

鳩山　その方が、辺野古はいらないと、オスプレイもだめだという方向になられたのは、どういういきさつなのでしょうか？

呉屋　大きな構造として、必要だけれども自分の裏庭にあるのは嫌だといったＮＩＭＢＹ意識（Not In My Back Yard）がありますね。米軍基地とか、原発もそう。そういうものを何で沖縄だけに押し付けて来るんだと。単純で分かりやすい話だと思いますが、日本の安全保障政策の中で、十分に総合的に検討した結果、沖縄にこれだけ基地が必要ですよという証明・論証は一度もされたことがない。終戦を迎えて、沖縄がいつの間にか本土から切り離され、そこに米海軍が韓国から来た。日本本土ではどこでも米軍基地反対で、とりあえず沖縄に置いておけというつもりだったのが、今日を迎えている。

翁長市長がここまでしっかりやってくれるとは、予想以上です。やっぱり保守本流にいた人ですから、東京の方から圧力があったと思いますけれど、それを跳ね返しながら、ここまで県民の思いを受けて頑張っていただいて、本当に敬意を表する次第です。

公約のねじれ構造

高野　県選出の国会議員の人たちが、自民党石破幹事長から脅されて、みんな崩れて、四人並べて首を落とす場面があった。一方で、革新側というか左寄りの皆さんからは「やっぱりそうは言ったって、自民党じゃないか、仲井眞と同じことになるよ」といった、経歴だけから判断した不信感のようなものが言われている。その辺はどうですか、信念の人というのは？

呉屋　翁長さんは、前の選挙にあたって、仲井眞選対の選対本部長にいたわけですよね。そのとき彼が仲井眞さんに約束を取り付けたのが、辺野古移設は反対するということだったんです。しかし選対本部長として候補者と約束したことがひっくり返された。彼としては忸怩《じくじ》たる思いですよね。お話を聞いても、仲井眞さんの後継者として立候補しなかったのは、民意を反故にした政策あるいは偏りからとおっしゃっています。

東京の政府は、沖縄県民に親切丁寧にご理解いただくと言いながら、一方ではこのような強引なことをやっておりますし、これについて我々は違うんじゃないかと。昨日の新聞を見ましても、革新会派の中で翁長さんを推す議員が、辺野古移設に反対する県民の総意を背景にしてやるということですから、いろいろ法律上の問題が出てくるかもしれません。例えば翁長さんが知事になった場合、知事として承認を与えたことに対して、日本政府のこうむった損害をどう処理するんだということもあるかもしれませんが、我々としては出来るだけ最小限度の犠牲の中で、多くのものを将来に引き継いでいくという選択は残っていると思う。ブイを打ったからもう辺野古基地はできますよということではないと思います。米軍にしても、反基地の流れの中で、いい基地の活用や演習はできないと思う。基地外に出ても友達という中でやった方が、彼らにもよい。県民の理解を得るということは、そんなお金で簡単には解決できないということだと思います。

高野　やっぱり、一選目の出馬の時は違いますけれど、前回二選目の時は、あの空気の中で仲井眞さんも「辺野古反対」と言って当選された。あの時は自民党全部がそうで。

呉屋　県連もそうですよ。

高野　県連もそうですし、那覇市議会の最大党派である自民党新風会、一一人プラス議長さんが五月に、他に先駆けて、翁長さんに出馬要請をしたころ、自民党県連が処分を下した。[4] 県連はとんでもないと言って処分しましたけれど、彼らの方は「とんでもないのはあんたたちじゃないか。我々は全員、辺野古反対を言って当選したんだ。我々は選挙の時の約束を守る。守っていないのは県連じゃな

4　二〇一四年八月八日、離党届を出した一名を除く一一人を除名処分。

いか」という反論の仕方をしている。そういう意味で、翁長さんは自民党なのにそういうことを言っているのは驚きだ、怪しい、という話じゃなくて、実はまっすぐ筋が通っている。

鳩山　そこをなかなか理解しない人、あるいは意図的に理解していないのかもしれませんが、非常に短絡的な言い方をしますけれど、仲井眞さんを応援した人間がまた今度は知事になると、また仲井眞さんと同じことをするんじゃないかというようなことを言う人がいる。仲井眞さんを応援したのは辺野古にノーと言ったからであって、それを翻した仲井眞さんに対する忸怩たる思いというか、けしからんという思いで、今度翁長さんが立候補されれば、同じことを繰り返すはずはない。ある意味で普通の人以上に、同じことは繰り返さないと私は思います。そのぐらいの固い決意で、立候補の表明をしたということであれば、我々は大いにその方を信頼するべきだという気がします。

呉屋　ですから革新も、共産党あるいは社民党、民主党も——民主党はまだ決まっていないですが[5]、一緒になって翁長さんを推そうということなんです。オール沖縄で選挙に取り組むことはほとんどない。

高野　共産党は独自候補を出さない。腹くくっていますよね。

鳩山　民主党は……見えない（笑）。最近の選挙に民主党は思考停止になっている。

5　一〇月一四日、民主党は沖縄知事選に立候補を表明した喜納昌吉民主沖縄県連元代表を除籍し、沖縄県知事選では自主投票とすることを決定した。

政治に終わりはない

呉屋　翁長さんを推してやるのが筋だと思います。民主党の民主って、民主主義の民主でしょ。県民の心を、声を無視して政治を行おうとすれば、民主党は「民主」を外さなきゃいけないですね。

高野　まさにオール沖縄、オール県民の共同戦線ができて、仲井眞周辺のごく一部の人だけがそれから外れているという、今まで見たことのない県知事選の構図になっている。それはやっぱり、辺野古問題における鳩山さんの挑戦と挫折のインパクトもあって、この何年間で、「成長」という言葉は外の者が言うのは生意気なので使いたくないけれども、すごい、何か今までとちがう次元に沖縄政治が突入したのだと思う。

呉屋　皮肉に聞こえたらすみませんが、ある意味で私は鳩山理事長には、感謝すべきだと思っている。「最低でも沖縄県外」とおっしゃったときに、我々「総理がそういうことをおっしゃった、我々が今まで信じていた『抑止力』とは何なんだ、もういっぺん本当に考えてみよう」というきっかけをつくっていただいたという点で、私は大きな貢献を頂いたと思っています。

鳩山　ありがとうございます。きっかけを与えたけれども、うまくいかなかった。反省しています。

呉屋　政治には終りはございませんので。

イマジネーションの希薄化とマスメディアの責任

呉屋　日本国民としての問題意識とか、お互いに気遣う優しさというのがどうもなくなって、米軍基地問題は沖縄のマターだと他人事として切り離した感がある。福島の件も、沖縄県民も考えなきゃいけないのは、あれから三年も経って福島はどうなっているの、うまくいっていないんじゃないのと、自分たちのことのように気配りし、心配もそして見守り続けるという姿勢が少しでも薄らいでいるとすれば反省すべきだと思います。日本中いろんな問題があるわけです。

高野 そういう想像力、イマジネーションが薄くなっていますね。

呉屋 マスコミ、中央メディアはあんまり書いてくれないんですが、この前北海道に出張に行きましたら、北海道新聞は沖縄についてコラムで書いている。琉球新報の富田社長とタイムスの岸本会長と一緒だったんですが。地方新聞は頑張るんだ、だらしないのは中央紙なんだと。

鳩山 そう思いますね。

高野 私は、全国紙を東京ローカル新聞と呼んでいて、それ以外が概ね正常と。一番正常なのは沖縄の二紙、そういう風に考えた方がいいんじゃないかと。

また話がそれてしまいますが、かつて山一証券が倒産した翌日に、金沢の経済団体に呼ばれて講演に行った。終わってパーティーになったら、商工会議所の会長さんが寄ってこられて、「大変ですな、東京の方は。証券会社が倒れて」と言われたんですね。私はハッとして、あれは東京の方は、という話なんだ。日経新聞なんか一面トップをはじめ何面も使って、天下の一大事みたいな、日本が潰れるみたいな書き方をしている。そのときに金沢の商工人トップは、「東京の方は大変ですね」と。本当に驚いたんです。東京は日本全部じゃないんだ、別の、特別な場所なんだ、と思うようにすれば、だいぶ日本で暮らすのは気が楽になるなと。

鳩山 それで鴨川に移られた（笑）。

高野　房総半島に移住したんです。

オールジャパンで日米地位協定再考を

鳩山　ちょっと話を戻して、米軍基地の存在というものは必ずしも県民、国民全体の幸福にはつながっていかない。呉屋さんは中学生のときに、米軍のせいでお友達が殺されたという体験がおありだと聞きましたが……。

呉屋　通学途上で、友達というよりも、同じ学校に通う子どもだったんですけれども、米軍車両に轢き殺された。その運転手は何ら罪を問われていない。言い訳が「朝日がまぶしくて見えなかった」と。子ども心に、これは絶対フェアじゃないと思いました。

鳩山　朝日がまぶしくて見えなかったなんて……信じられない話ですよね。

呉屋　それなりに気を付けて運転しなきゃいけないのに、それだけでもやりきれない。それに似たものはずっと続いていますけれどね。米軍側に立った判決とか、裁判のやり方とか。

高野　日米地位協定そのものですね。そういう体系もやっぱりずっと続いている。

鳩山　沖縄にお住いの多くの方が、何らか身近にそういう経験をお持ちだからこそ、今回の辺野古移設工事のように強引に進められれば、一気に米軍基地いらないぞという方向にどんどん動いていく。よく分かります。

呉屋　今回の辺野古の件を機会にもう一度、今度はオール沖縄じゃなくオールジャパンで日本の安全保障はどうあるべきなのかと、本当に基地の強化だけでいいのか、あるいは憲法をろくに改正しないで、解釈拡大だけでやって、そんな姑息なやり方がいいんですか――こういうことを問い続けていかなきゃいけないと思うんですね。

脅威論の応酬

高野 沖縄では、米軍基地の問題だけでなく、自衛隊が先島に次々に基地を作ろうとしている。米軍基地も増えるし、自衛隊基地もどんどん増える。そこに集団的自衛権の議論が重なって、日米両軍で尖閣を防衛し、中国と戦争を構えるかの雰囲気が生み出されている。だけど、その前提として、このような安全保障の議論というものは、我が国はどういう危機、危険、脅威に直面しているんだろうかということの、科学的な分析から出発しないと必ずおかしくなります。

安倍さんはこの間、集団的自衛権の解禁について、あれだけ言葉を費やしておりますけれども、なぜ集団的自衛権を行使できるようにしなければならないかの理由としては「我が国周辺の安全保障環境はますます厳しく」と、それしかないんですよ。それ以上の説明は何もしたことない。じゃあどういう風に厳しいんですか、例えば冷戦時代には旧ソ連の脅威があって、北海道に上陸するかもしれないという、それなりの脅威がありました。その後、現在、これからを見て、日本はどういう脅威に直面しているんですかと。島嶼奪還と言っていますが、島を中国が取りに来るということが、現実的な脅威なのかと。僕は絶対そんなことはないと思う。

鳩山 それはゼロです。

高野 取ったって、何の役にも立たないことは誰にでも分かる。まして尖閣なんて岩山に這い上がっても、何にもならない。それで世界中から非難轟轟《ひなんごうごう》で、中国は大きな国益を失います。そういうことの分析も何もなしに扇情的に煽るだけで、安全保障論が出発してしまったというのが、一番いけないと思っている。

鳩山　北朝鮮がミサイルを飛ばしても、拉致の話をどんどん進めたいために、北朝鮮の制裁をむしろ解いていく方向ですから、安倍さんの心の中では、拉致最優先で考えると北朝鮮はもう脅威ではないと。飛ばされてもおかまいなしと。

高野　抗議一つしない。

鳩山　そうすると中国しかない。中国脅威論というのをいたるところで振り撒いている。中国脅威論の前に、日本が漁船の衝突事故のときに間違った判断をしてしまったがために、中国の怒りを買い、尖閣の石原発言、国有化ということで、本来は棚に上っていたものを棚から落としたのはお前たちじゃないかということで、日本が原因を作ったがために、中国は様々な行動をしている。

まさに、抑止力の話と同じですけれど、非難合戦をやっていけばだんだんエスカレートしてしまう。それもある意味で、安倍さんはむしろ目論見ながら、こちらから種火を大きくしていくと、向こうも大きく応えていくから、中国脅威論は危ないんです。だから、辺野古基地を作らなくちゃいけないとか、集団的自衛権というものを限定的にこうしなくちゃいけないということになっていく。

ソフトパワーによる「抑止力」

鳩山　呉屋さんがおっしゃったのはその逆で、抑止力というものはむしろ軍事力じゃないんだということです。軍事力はゼロとは言わないけれど、軍事力以上にソフトパワーで抑止力というものを作っていったほうが、どんどんいい回転をしながら「やっぱり沖縄にも基地はいらないですね」、「集団的自衛権なんて考える必要もないじゃないですか」という話になっていく。そういう時代に世界が向かっていっているし、動かなきゃならないときに、日本だけが周回遅れの発想に留まっていることが、非常に私は情けないというか、なんとかここをひっくり返さなきゃいけない。

まず滋賀県の知事選がありましたけれど、今度福島と沖縄の知事選がある。こういうローカルというか、しかし東京の知事選よりある意味で大きな意味を持った知事選において、県民がしっかりとメッセージを出すことが、この国を大きくまた展開させていくきっかけになるんじゃないか。その意味で私は非常に、沖縄知事選は重要だと思っております。

呉屋　これまで沖縄は、軍事のキーストーンと言われていましたけれど、これから大きく平和のキーストーンに変える一里塚にもなるんだと思っております。ご存知の通り、かつて貧乏県でございまして、戦前からずっと貧民県として、南米北米へ多くの移民を送っている。その子どもたち、子孫も、二〇万から四〇万人とも言われている。沖縄の人の特徴は、やさしさとか思いやり。今でも南米に行きますと、自分の村の彼元気か、なんて聞かれる（笑）。うちのおじさんとか、親父を連れて行ったほうがいいような、そういうことまで心配する。ウチナーンチュのやさしいところだと思う。そういう目に見えない人材が世界に広がっている。

これも沖縄県民の特質として取り込んで、先生がやってらっしゃるような研究所もそうですし、国連の一つの機関のようなもの、国際平和センターを沖縄につくって、そこから平和を発信する。そこには中国人もいるでしょうし、ベトナム、フィリピンの方もいらっしゃる。そういう中で、沖縄から東南アジアを見た時に、平和はどうあるべきか考えることで、沖縄県が日本国、あるいは東南アジアに貢献できると思うんですね。今度の仲井眞知事の公約を反故にした件では、世界のウチナーンチュの方からもがっかりしたと非難轟轟です。

鳩山　私も、沖縄の世界遺産だと知って、斎場御嶽《せーふぁうたき》に行って、その後、久高島に行ったんですけれど、まさに平和の島ですよね。女性が神様になっている。神様として女性が男性を治めていた島ですよ。そういう島はまさに軍事力をもたない島であり、だからこそ平和を保てて、また諸外国、清とか中国や日本とも良好な関係を保つことができた。まさにさきほどおっしゃった思いやり、そういう気持ちがある島だった。そこに、戦争の不幸によって、結果として軍事基地になってしまったというのは本当に悲劇ですよね。

呉屋　そうですね。

鳩山　軍隊を持たない国が、軍事的な要になってしまった。元々は思いやりの国であったこの地域を、軍事のない平和の要石にしたいと思っていまして、そのために高野さんたちと、細々とでありますけれど活動をしています。今のお話のように、センターを作っていくのは、人的交流を進めていく上で非常に大事な役割だと思います。

望まぬ「本土の沖縄化」

鳩山　一つ、また話を逸らすようで恐縮なんですけれど、安倍さんが多少支持率が下がったから焦り始めて、沖縄の負担を軽減するんだ、佐賀空港に普天間のオスプレイを移そうじゃないかと言い始めた。しかし何故か、辺野古ができるまでの暫定と言っている。それをどんな風にお感じになりますか?

呉屋　素人から見ても、「しばらく」というのは時間をかければ永久になる。沖縄ではいつもしばらく、しばらくと言いながら残るので、「佐賀県さん、ずっと持ち続けますか?」というのが一つ。

それとウチナーンチュとして、辺野古あるいは普天間基地が抱えている問題を、私は他府県にそのまま、それこそ国内をたらい回しする、これもあっちゃいけないことだと思う。自分たちの重荷を、他人事だということで他人に押しつけていいんでしょうか。我々が日本国民に訴え続けてきたこととは反対でしょう。そうじゃないよ、自分たちが迷惑なものは他のところにとっても迷惑でしょうと。それを機会に、もっと場当たり的な対応じゃなくて、総合的な日本の安全保障を考える契機にしていただければと思います。

高野　支持率が下がった、集団的自衛権も評判が悪い。それで、沖縄県知事選もどうも負けそうだと。そういうことの中から、仲井眞さんが言ったことを中央政府も尊重していますよという形作りということなんでしょうね。

おっしゃる通り本質は、何年間も佐賀に移して差支えがないんだったら、じゃあ初めから差支えないんじゃないかと。佐賀県じゃなくて、関西空港はどうなんだ、ハワイはどうなんだ、グアムはどうなんだ、と三カ所ぐらいに分けてしまえば、辺野古はいらないですよね。そういう簡単なことなんだというのを、鳩山政権以来ずっと言っていると思うのですが、とんでもない、あそこは絶対必要なんだと言いつづけてきたわけですが、それを自分たちで崩したわけですよね。変な話だなと思います。

呉屋　我々が望んでいるのは、本土の沖縄化じゃないんです。特に周辺県と沖縄も本土も一緒になって、そこに向かって汗を流して頑張りましょうと、そういうことなんです。

高野　逆に言うと、そういう意味で、今までオスプレイも米軍基地も他人事だった。沖縄は可哀想だけどしょうがない、ぐらいしか思っていない本土の人たちが、そうはいかなくなる、目が覚めるという効果があるかもしれないですね。

基地によるマイナスの経済効果

呉屋　私は建設業協会の会長をやっていたのですが、当時建設業協会会長会議に行きますと、なんだかんだ言っても、沖縄は米軍基地に頼っているんでしょうと。いや、みなさんが思っているほど頼っていませんよと。復帰時には県GDPの一五・五％もありましたけれど、現在では四・九％なんです。悔しかったらどうぞ米軍基地をお引き取りくださいと言うと、すぐ黙っちゃうんですよ。

高野　五％を切ったわけですね。

呉屋　持続性がある、また平和な経済発展ということでも、障害にはなっても助けにはならない。牧港住宅地区が返還されて「那覇市新都心」が開発されてから、県の推計ですと雇用で一〇三倍、直接経済効果でも六九倍という数字が出ている。米軍基地だった時代と比較すると、それだけ数字があがっている。北谷町のハンビータウンもそうですし、那覇市の小禄・金城地区もそうです。昔はいざ知らず、今となっては経済的にも、基地はもう無理ですよ。

高野　そもそも基地が膨大な面積を占めている。おまけに陸海空海兵、空軍と海兵隊がそれぞれ専用ビーチを持っていたりする。皆で一緒に遊んでくださいというのではない。ゴルフ場だっていくつもあるでしょう。嘉手納基地には空軍用のゴルフ場があり、海兵隊は専用ではなく日本人も入れるが、思いやり予算で作ったＴＡＩＹＯゴルフクラブがある。

鳩山　そういうものが、思いやり予算で賄われている。しかも広さだけじゃなくて、こういうところが開放されたら経済が発展するだろうな、といういい場所をおさえています。ですから、まだ普天間の閉鎖はなされていませんが、沖縄にはもう米軍基地はいらないんだと、早く明確にする必要がある。

常時駐留なき安保

鳩山　我々がそもそも旧民主党を作った時には、常時駐留なき安保ということを言っていました。常時駐留する必要はない、有事のときに日米連携して、日本の自衛隊の基地の中に自由に米軍が行き来することは構わない。その時は助けてもらいたいというぐらいの安全保障にしておいて、常時はもう結構だという発想からスタートした。いま私は民主党ではないのですが、旧民主党を作った時にはそういうアイディアを持っていたんです。

高野　その当時、沖縄では大田県政時代で、吉元政矩《まさのり》副知事を中心に基地返還アクションプログラムを作っていました。安保廃棄と叫んでいるんじゃなくて、具体的にこの基地いらないでしょう、もう使っていないじゃないですか、と一つ一つ段階を追って返還させていくもので、安保条約というのがある枠組みでも、やろうと思えばこういうことできるんだ、という新鮮味があった。これをただ支持するんじゃなくて、これを日本全体でやろうじゃないかというのが常時駐留なき安保だったんですね。その時に「基地返還アクションプログラム」で一番イメージとしてあったのは、嘉手納なんですよ。というのは当時、太平洋横断超音速ジェットという、コルコンドの次みたいな、太平洋を三時間で飛ぶ構想があって、あまりにバカバカしいということで後に立ち消えとなりましたが、当時、超音速ジェットの起点は北米大陸真ん中のデンバー新空港で、さあアジアはどこに下りるんだろうかという議論があったんですね。我々は、それは嘉手納に決まっているじゃないかと。嘉手納をどうして米軍が手放さないかというと、東京も、ソウルも、上海も、北京もマニラも、全部等距離みたいな位置にある。アジアの中心ハブとして嘉手納ぐらいふさわしい場所はない。北米から嘉手納へというのが太平洋幹線を形成し、嘉手納からアジア中の主要都市に散る。

そういう交通手段にふさわしく沖縄を、国連はじめ国際機関や、企業・経済団体も含めたいろんなセンターの拠点を誘致して、基地なき沖縄の将来構想をイメージしたらいいんじゃないかと私は思っている。その巨大ハブ空港としての嘉手納は、一応軍民共用という要素を残しておいて、いざとなったら、民間使用を制限して軍用で使うこともありうるという余地だけは残しておく。常駐なき安保というのは、具体的にはそんなことを考えていました。

呉屋　そういう選択肢を考えるのも大事ですよね。

鳩山　一方で、我々はそういう発想を持ちながら政権を取って、なかなかうまくいかなかった。一番うまくいかなかったのが、普天間をめぐる議論で移設先が辺野古となってしまったことです。辺野古にはいろいろと反対運動をやっておられる方々がいます。長い間ずっとテントを張って頑張っておられる。そういった方々を目の前にしながら、安倍政権は埋め立てを始めるための準備をしている状況です。

知事選で勝利を収めて、辺野古ノーだという民意を勝利させることが民主主義としてのやり方であると考えておられますか？

呉屋　そうですね。知事選挙を通じて確認をさせてもらう、民意をもういっぺん、日本国民あるいは世界に発信することは大事だと思いますね。

高野　知事選挙自体が「県民投票」という意味があるわけで、下地幹郎さんが自分が知事になったら県民投票をやると言っているのは、よく理解できませんね。実際に法律的な手続きの問題として、一旦仲井眞さんがＯＫを出したのを取り消しもしくは撤回することは法律的にできませんよ、と政府は言っていますが？

呉屋　その辺りは、若干調整しているようです。だけど、お互いに話し合って、県民はノーと言っているんだということになれば、行政として、地元の意向を尊重して、どういう形がベストなのかという再検討の余地は十分あると思います。

第3章

辺野古移設阻止、炎天下と暴風下の最前線を語る

山城博治（二〇一四年九月一二日　沖縄県那覇市古島教育福祉会館）

二四時間体制の座り込み

六月末から辺野古に通い詰めしております。七月一日から工事強行が報道されて、すごく緊張しました。

今日は私のゲート前での、大の相棒でございます島田忠彦さんもご一緒に参加いただきました。新聞で報道されているように、カチャーシー[1]、唐船どーい[2]にのせて、集まっている皆さんを元気づけていただいております。島田さんには、後ほど辺野古の現在のテントの中で歌われている歌を皆さんにもご披露いただきます。また、会場には連日辺野古の、海の現場に出られている皆さんも多数おいでございます。最前列に座っている宮城千恵さん、いつもカヌーにのって、声を上げながら、海上保安庁を翻弄し続けています。今日はたくさんの皆さんがお越しでありますが、代表して私の方から現状の報告をいたしますので、ご容赦ください。

皆さんご案内のように、二時半にトレーラーが四五台入る、あるいは三時に二五台が入るという情報が入って、ほとんど二四時間体制で七月から八月まで約二カ月間、ゲート前に張り込んでおりました。フェンスに沿って寝起きをする、あるいは車で寝起きをする生活を繰り返しておりましたので、散髪屋にも行けない。今日は子どもが使ったバリカンがあったので、頭からひげも全部一斉に五部刈りをしてこんな頭になった。カッコ悪すぎて、女房にせめて帽子をかぶって立てと言われて、帽子をかぶってきました。ご理解いただきたいと思います。

1　三線で速弾きする沖縄民謡の曲のこと。曲に合わせて、頭の上で手を左右に振り、足踏みをして踊る。
2　代表的なカチャーシー曲。お祝いの席でよく演奏される。

ジャパン・ハンドラーと安倍総理の思惑

沖縄の状況についてでありますが、二〇一四年六月三〇日の琉球新報にこんな記事が出ています。「海兵隊は今後一〇年程度にわたる部隊運用方針を示した計画『遠征軍21』をまとめた。イラク、アフガニスタン戦争の終結を受け、海兵隊の任務は大規模な戦争ではなく、世界各地で突発的な発生が予測される「危機」への迅速な対応に主眼を置くとした。一方、沖縄に関しては、米本土以外では唯一、海兵隊の最大編成規模である海兵遠征軍を引き続き置くとした上で、「全ての軍事作戦」に対応すると明記した」と書いてあります。アメリカ本国以外に世界戦争を広める、そういう大規模な戦争をする部隊は海外に一つ、それが沖縄海兵隊だといっております。

九月一日の琉球新報には、あのジョセフ・ナイ元国防次官補（現ハーバード大学教授）についての記事が載っています。――米民主党のジャパン・ハンドラーと言われて、鳩山政権が立ったときに、「アメリカ政府はいつまでも鳩山政権に優しくない」と言って、鳩山政権を押し倒した、そのことに最大の力を発揮したジョセフ・ナイ。マイケル・グリーン元国家安保会議アジア部長（現ジョージタウン大学戦略国際研究センター副理事長）、カート・キャンベル元国際次官補等が他にもおりますが、ジャパン・ハンドラーと言われる、日本に圧力をかけ、米国の意のままに操縦しようとする人たちです。記事の中で、ジョセフ・ナイが「ハフィントン・ポスト」にびっくりするようなことを寄稿したと書いています。「中国のミサイル技術が発展し、沖縄の米軍基地は脆弱《ぜいじゃく》になった」。それは戦略上も危ういということで、沖縄に基地を集中することにジョセフ・ナイは反対しております。

ここから読めるのは、世界で戦争をしかけるアメリカが唯一海外に最大の拠点を設けているのが沖縄だということがわかります。それに対してジョセフ・ナイは、沖縄に集中することはあぶない、だから分散すべきだと、オーストラリアやグアムや、インドネシア等、中国を取り囲む周辺国家に部隊を移設すべきだと言っています。アメリカのこういう日本通と言われている人たちが、沖縄から海兵隊を撤退させようとしているということに、特に安倍晋三は恐怖をいだいているんだと思います。それを実行させないために、一日も早く、何としても辺野古の基地を作る。アメリカが撤退することを止めて、日米で沖縄を拠点としながら次なる戦争に備える。そういうことをこの二つの記事から読み取ることができます。

皆さん、日本政府とアメリカ政府は沖縄の人がどんなに怒ろうがお構いなし。沖縄を軍事拠点にして、それで中国と向かい合うんだということです。沖縄が再び戦場になっても構わないということでしょう。ジョセフ・ナイは軍事専門家として、アメリカ軍が危険だから下がれと言っているにすぎません。

この記事を読んだ時に、安倍晋三が机を叩いて、防衛省の幹部を叱責したという記事を思い出しました。「もし今回失敗したらお前たちの組織はないと思え」と言って、国交省の大臣や海上保安庁の長官に強く迫ったと、新聞で報道されています（琉球新報、二〇一四年七月一九日）。つまり、安倍晋三は、沖縄から海兵隊が撤退することを止めるために、何としても辺野古に新しい要塞を作り、アメリカ軍を引きとめて、そこで日米で中国を迎え撃とうとしている。極右翼、ファシスト、軍事内閣という他ありません。戦争屋内閣はそういうことを考えている、と言わねばならないと思います。それだからこそ、辺野古では先程映像[3]にありましたような、あのようなすさまじい状況が続いています。

3　DVD『速報 辺野古のたたかい二〇一四年八月』（森の映画社、沖縄ニューズリール・シリーズ）

海上保安庁による過剰暴力

我々は現場でずっと質問しています。「ここまで激しく取り締まる権限を示しなさい。海上保安庁法の第何条、第何項によれば、こういう暴力的な警備が、あるいは過剰警備と言われる暴力的な排除ができるか示せ」ということで、回答を今まで待ち続けておりますが、ほとんど答えることはありません。当初「海上保安庁の組織、設置目的である第二条だ」[4]と言いました。第二条は、海域の安全のために海上保安庁がいるというだけの組織目的です。しかし、それでは具体的な暴力行為を説明することはできません。福島瑞穂さんが再三請求して返ってきた回答では、海上保安庁法第一八条第一項[5]によるんだといっています。第一八条第一項には、犯罪がまさに起きようとするときだと書いてあります。そうであれば私たち海上行動隊は犯罪者ということになってしまう。そういうことでなければ、海保が映像のような行動はできないわけです。政府が、海上保安庁が暴力的に襲いかかってくる構図の裏にはそういうことがある。

しかし、私たちは許しません。いくらなんでも日本は法治国家です。国家権力が県民の正当な抗議

4　第二条　海上保安庁は、法令の海上における励行、海難救助、海洋汚染等の防止、海上における船舶の航行の秩序の維持、海上における犯罪の予防及び鎮圧、海上における犯人の捜査及び逮捕、海上における船舶交通に関する規制、水路、航路標識に関する事務その他海上の安全の確保に関する事務並びにこれらに附帯する事項に関する事務を行うことにより、海上の安全及び治安の確保を図ることを任務とする。（海上保安庁法）

5　第一八条　海上保安官は、海上における犯罪が正に行われようとするのを認めた場合又は天災事変、海難、工作物の損壊、危険物の爆発等危険な事態がある場合であつて、人の生命若しくは身体に危険が及び、又は財産に重大な損害が及ぶおそれがあり、かつ、急を要するときは、他の法令に定めのあるもののほか、次に掲げる措置を講ずることができる。一　船舶の進行を開始させ、停止させ、又はその出発を差し止めること。（海上保安庁法）

豊里友行氏提供

行動を犯罪と決めつけて、しかも違法・無法な暴力を行使するのであれば、権力犯罪、わけても特別公務員と言われる、警察や海上保安庁の、法律で言えば、特別公務員暴行凌辱罪です。許しません。告発し、諌めて、暴走する海保・海猿たちの暴力を止める以外はないのだろうと思います。この写真はどうやっているかというと、カヌーにボートを横付けしてからまず男性を羽交い絞めにしてカヌーから引き出します。引き出した上で、ボートに放り投げて、まるで釣った魚を、まぐろでも放り投げるように、どんと叩きつけます。そして、後ろから首根っこから抑えて、さらに向きを変えて、いま首にのど輪をしているところです。しかし皆さん覚えていてください。これはただののど輪じゃないんです。親指は声帯にかかっています。のど輪に親指を立てながら、ぐいぐい押しまくっている。苦しくて仕方がない。彼は苦しい苦しいと言っているのに、手をゆるめません。それがこの事件です。これは写真に撮りましたので、刑事告発をして、いま傷害罪で訴えている。

とにかく、海上ではこういうことが行われています。見えないと思うと、やりたい放題です。カメラが向いていると「危ないですから下がりましょう、危ないですから近寄らないでください」と言いながら、カメラがないところではこういう状態です。まるでマグロでも引き揚げるかのようにどんと放り投げて、また何度も何度も引き上げるまえに海に沈めて、ぶくぶく呼吸ができないように沈めて、そして引き揚げて、塩水吐こうとしたら、九月一一日の沖縄タイムスにも書いてあるように「つばは吐くなって、何回言えば分かるんだ」といってまた首を絞める。そういうことが繰り返されている。もうむちゃくちゃです。

安倍内閣は異常です。狂っているとしか言えません。国家権力が異常をきたして、暴走を繰り返している。暴走に暴走を重ねているというのが、いまの辺野古の海域での現状だと思います。

ベルトコンベアーによる埋め立ての断念

しかし皆さん、次ページの図にあるように、広大なエリアが囲まれようとしています。沖縄本島周辺でほとんど壊滅したサンゴが、いま辺野古海域、大浦湾にはまだこのように生きている。このサンゴに埋め立てをするということは、このサンゴの上に土砂が、岩石が被さるということです。これを許すのかというのが一つの課題です。世界のサンゴ学者や海洋学者が言います。「世界の奇跡だ」と。それをいま、埋め立てようとしています。

九月三日、沖縄防衛局や日本政府が辺野古工事の方法について変更申請を出しました。いま県庁で、

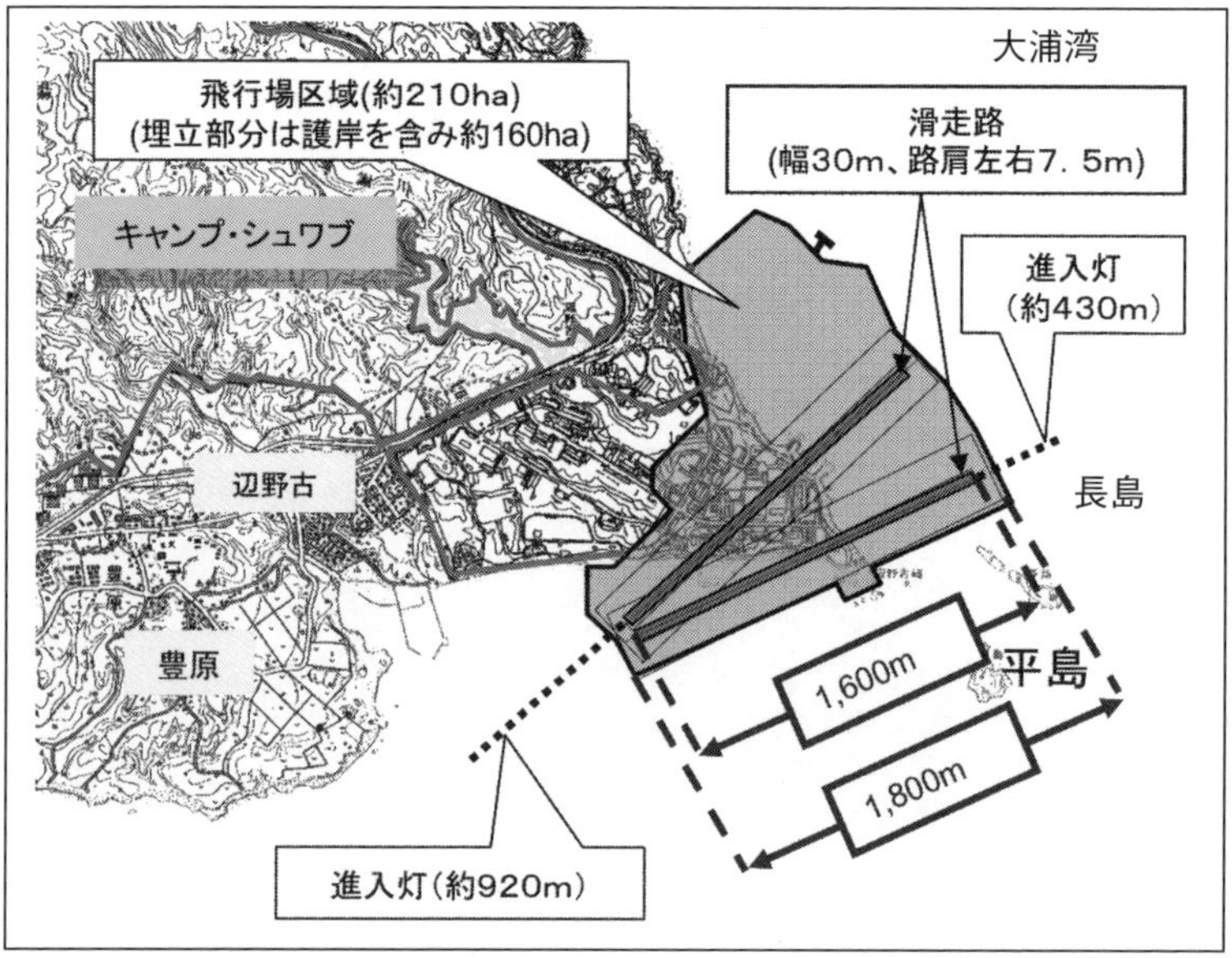

辺野古・大浦湾埋立予定地（防衛省資料）

変更申請の手続きを審査をしていると言われております。これはどういうことかと言いますと、地図にあるように、辺野古の、私たちが座り込んでいるゲートの北の方に、辺野古ダムがあります。その辺野古ダムの北の方に森や丘があって、その丘から土砂を取って、ベルトコンベアーに載せて、そのまま国道をまたいで海域に流し込むということを政府は計画していた。

これは山口県の岩国基地の第二滑走路を建設した時にとられた手法です。大成建設という巨大ゼネコンが請け負った仕事ですが、今回辺野古に際しても、大成建設が五一億円で落札しております。私たちの心配は、ゲート前でどんなに座り込んでも、埋め立て土砂が真上からどんどん流れて行ったら、どうやって止めようか、いくらなんでも、私たちの上を通ったらもう手も足も出せない。悔しくてしかたがないと思っていましたが、稲嶺名護市長が断固抵抗してその計画はなくなりました。名護市の管理下にある辺野古ダム。稲嶺市長は「自分が管理する辺野古ダムの上空から、ベルトコンベアーで土砂を海域に流すことは絶対まかりならん」と言って、断固拒否をしたわけです。

いま政府が変更申請した工事計画は、ベルトコンベアーの代わりに、何千台、何万台のトラックでゲートから基地に入るというものです。どうですか、皆さん。ついに私たち、県民の出番ですよ。ベルトコンベアーで上からでは手も足も出せませんが、ゲート前から通るのであれば、いま座り込んでいるように、県民が四〇〇、五〇〇、一〇〇〇と座り込んで、ゲート前で「埋め立て反対！　土砂の搬入反対！」そういう決意で座り込んだら、トラック一台通れない。つまり埋め立てはできなくなるということです。

稲嶺市長に心から感謝しております。その稲嶺市長を支える与党議員団がこの日曜日に再び過半数を取って、稲嶺市政を全面バックアップすることになりました。[6]まさに県民の闘いの前哨戦でした。まずは足元を固めよう、まずは名護市議会選挙で勝とうと言った稲嶺市長の決意が、このように見事に花開いた。私たちに大きなエールを送って、県民の皆さんまた一緒に頑張りましょうと稲嶺さんは言っておられる。だから、私たちも引くことはできません。

6　二〇一四年九月七日投開票。二七議席中、稲嶺進市長支持派が一二議席、公明党が二議席を獲得し、過半数を維持した。

無検討で許可されようとしている変更申請

ベルトコンベアーからトラックに土砂の輸送方法を変更した修正申告、計画変更の申請は九月三日に出されたのにも関わらず、四四日後の来月一〇月下旬にも仲井眞知事が検討もせずに決裁すると言っている。中身も見ないで、決裁する日がもう新聞に載っております。それは県知事選前にということだと思いますが、信じられません。

当然いま、辺野古の現場で頑張り続けておりますが、仲井眞知事がそうやって政府にまるごと沖縄県民を売り渡すような行為は絶対にさせない。本来二カ月、三カ月かかるであろう審査をしっかりやれ、県民に公表しろ、県民の意見も聞けということを主張していかねばなりません。密室で、どういう経緯で判子を押したのかもわからない状態で、この変更申請に許可が出ることだけは許してはならない。

九月二〇日に辺野古の海岸で開かれる抗議集会に、バスが三二台チャーターされたそうです。[7] そして労働組合や政党のバスを合わせると、五〇台近くのバスが既に確保されたそうです。八月二三日に引き続く大集会を打ち抜いて、成功させて、その暁にもう一度県庁を包囲して、もしそれでも止まないのであれば昨年一二月二七日のように県民広場になだれ込んで、六階までよじ登って、「仲井眞出て来い、タダじゃ済まさん」という怒りの声を上げていこうではありませんか。そういう闘いをぜひやって、無謀な計画変更を止めていかなければならないと思います。

---

7 二〇一四年九月二〇日、辺野古の浜で「みんなで行こう、辺野古へ。止めよう新基地建設！ 9・20県民大行動」が開かれ、五五〇〇人（主催者発表）が参加した。

民主主義の勝利を

菅義偉官房長官が、県知事が変っても既に許可は出た、知事が変ってももう止まらない、みたいなことを九月一七日に言っております。みんな笑っていますよね。そうですよ。仲井眞さんなんかは、名護市議会選挙の結果について聞かれて、名護市議会だけが議会じゃないんだと、わけもわからないチンプンカンプンな話をしました。逃げと開き直りでしょう。官房長官の話をまともに聞けば、「県知事選で勝つ見込みがないからあきらめた。だけど埋め立てだけはやらせてもらいますよ」というふうに聞こえる。まさにそうですよ。政府はもう県知事選を放り投げた。しかし我々が勝ったら、もう許しません。翁長那覇市長の出馬のコメントが昨日出ておりました。裁判をやってでも闘う。そのためには県知事選挙を圧勝しなければならないと言っております。まさにその通りだろうと思います。県知事選で勝利をして、私たち県民の意思を、ゆるがない思いをしっかりと形に出してつくって、政府に迫っていきましょう。

もしそれでも移設工事を進めるというなら、県知事、副知事、出納長含めて、県の三役、そして県の全部の部長、全部の県会議員を辺野古のゲートの前に座り込みをさせて、県民全体で怒りの声をあげていこうではありませんか。辺野古の埋め立てを止める、歴史的な闘いにしたいと思います。今日辺野古に来た一八歳の学生がいました。「日本に民主主義はないと思って幻滅していた。しかし辺野古のゲートに来て、民主主義は生きている。沖縄の現場で民主主義は生きている」と、こういう発言をした。私たちはこんな民主主義は望みませんが、権力の暴力に対しては何としても毅然として、腹をくくって立ち上がる、それが民主主義の一形態です。私たちの民主主義は黙っていたら絞め殺されます。それゆえに黙ってはなりません。島田善次牧師が常に言うように、黙っていたら滅びるだけです。

九月一一日の琉球新報に、注意を惹く記事がありました。ハルペリン氏というアメリカの元高官、クリントン大統領時代の特別補佐官を務めた人物が「もし沖縄の人々が明確に拒否した場合、前に進めるのは間違いだ」、つまり知事選挙の結果が大きな影響を与えると言っています。新聞は大きな紙面を割いて、彼の発言をスクープし記事にしております。まさにそのようなことだと思います。私たち沖縄の民意が、名護市長選で勝ち、沖縄県知事選で勝ち、それでもなお政府が私たちに襲いかかってくるのであれば、そのときこそ、先ほど申し上げたように県知事を中心に総立ち上がりをして、総決起をして、あの牙をむく日本政府に立ち向かっていこうではありませんか。

危険を顧みないカヌー隊

七月の初めに辺野古に向かうとき、新聞には「もし海に出たら、刑事特別法で容赦なく逮捕する。ゲート前では違反者があれば容赦なく、道路交通法や公務執行妨害で検挙する」という記事が出ていました。確かにそれは県民に対する脅しであったし、恫喝そのものです。確かに私たちは怖気づきました。辺野古に行ったら間違いなく捕まるかな、海に出たら捕まるかな、という思いで、それでも現場に立ち続けました。カヌー隊の勇気には心から敬意を表しています。あの厳しかった状況の中で、海上保安庁が一八隻の、一〇〇〇トンクラスの巡視艇を辺野古の海に浮かべて、二五ミリ機関砲を県民・市民に向けて、そして海域にはゴムボートが真っ黒にひしめいている中で、わずか一〇隻、二

○隻でカヌーで漕ぎ出す、あの姿は見ておられんかった（涙ぐむ）。だけど、私たちのカヌー隊は勇気をもって漕ぎ出した。「我々を取り締まるのであれば権限を示せ、この海は県民にとって大事な海だ。この海を埋め立てて軍事基地をつくろうとする皆さんの方が違法ではないか。検挙するんであれば私たちに根拠を示せ」ということを言い続けてカヌーを漕ぎ続けました。ついに単管やぐらにも迫りました。様々な暴行、様々な恫喝を加えられながらも、果敢に立ち向かっています。

市民に対して、県民に対して、刑特法を発動できないと海上保安庁は白状しました。なぜなら勝手に海を囲い込んで、特別制限区域をつくって、そこに立ち入ったら逮捕するんだという話、これはありえない。刑特法というのは、米軍基地を守るためにそもそもある。米軍基地を守るために、本来なら海岸から五〇ｍの範囲に入ったら逮捕するという条項ですが、これを何と、いきなり二三〇〇ｍにまで広げてしまった。これは米軍基地を守るのではなく、日本政府の防衛省、防衛局の工事を守るための臨時制限水域であることは誰の眼にも明らかじゃないですか。どこの陸上でもそうですが、どこの機動隊がぶつかるからと言って、人の首に、のど輪かけて締めますか？　そんなことしたら許さないでしょう。「冗談でしょう。あんた、警察官でしょう。警察官がそんなことしていいのか？」と言いますよ。海上保安庁だって警察官の端くれです。その連中が、映像や写真にもあるように、ああやって無防備な市民に襲いかかって、頸椎捻挫させたり、窒息させたり、何でそういうことができるな、と。本当に不思議でなりません。あの人たちは、よく調べたらテロ対策要員だという事が分かりました。特別な訓練を受けた人たちです。ただの海上保安庁の人たちじゃないんです。海上保安庁でも違う人たちなんです。

私は仲間たちが拘束されたときに、たまたまいた巡視船によじ登りました。ハンドマイクを持って仲間を返せと言ってよじ登りました。何でそんなことをするんだと激しく迫られましたが、「仲間に身の危険が迫るからだ、この間みたいにまた仲間たちを密室で絞め殺しているんだろう、仲間の顔を見ない限りには下りられない。仲間の顔を見せろ」と言って、抗議の声をあげました。そうしたら拘束された仲間を解放してくれました。

どうぞ皆さん、あまりにも辺野古の海域は暴力的だから、辺野古に行ったら危ない、だから行かないようにしようとは思わないでほしい。暴力的なのは我々じゃなくて、向こうでしょう。その暴力が怖いから身を引きましょうと言ったら、沖縄全体が絞め殺される。だから海上保安庁の暴力に毅然として抗議している、彼らのことを間違っても過激派という呼び方はしないでほしい。ぜひ勇気ある彼らの行動に敬意と感謝を表して、「断固頑張れ」というエールを送ってほしいと思います。

広がるテント村と温かい支援

ゲートの前もそうでした。最初の頃は、立ち入りもできませんでした。入ったら出ていけ、出ていけ、と。まさに戒厳令が敷かれたような状況でした。傘も差させない、立つことも許さない、そういう状況でした。しかし徐々にテントを張り出して、いまや辺野古テント村は日々成長と拡大を続けて、一〇〇m、二〇〇mテントを張っている。毎日このテントを作るのに一時間から一時間半かかっています。二ヵ月経って、少しテントらしいテントが張れるようになりました。皆で知恵を出し、工夫をしながらテントを作って、皆さんの来訪を待っています。ぜひ来てもらいたいと思います。

連日のようにカンパが入ります。ヘリ基地反対協さんには正式なカンパが入るでしょう。私たちのゲートには、車から降りて「おい、カンパだ」と、金を裸で、一万円札を、五千円札を投げる。「お父さん、ちょっと名前聞かせて」「いらん、そんなものはいらん」そうやって、カンパしてくれる人も出てくるようになりました。時々、テントで、みんなで昼間のアイスクリームを買ったり、氷を買ったり、そうした費用にも役立たせていただいています。そういう形で座り込む人たちは元気で頑張っています。

写真にあったように、海上保安官から暴力にあった青年が、首の捻挫の被害に遭って、病院に行きました。そうしたらその病院の先生が「新聞で見た。君なのか」と言って、治療費をとることを断っている。たくさんの支援、たくさんのカンパ、思いがある。いま県民は、辺野古での権力の暴力によって、ますます団結を強めています。

ある日、みんなでワッショイワッショイ道を歩いていたら、雨雲が差しかかってきました。個人タクシーが止まって、おもむろにトランクから傘を出して、これを使えといって、そのまま立ち去った。たぶん観光客用の傘でしょう。一〇本ほどありました。辺野古の皆さんの中にも、顔は出せないけれど座り込みはしたいと、顔をタオルで隠しながら座り込む人がいる。天ぷら食べてくれ、サーターアンダギー食べてくれ、というように持ち寄ってくれている。

辺野古地域はどうして顔が出せないのかというと、この一〇年間で、血みどろのたたかいを家族の中で、兄弟の中でやってきた。だから、あらためて私は反対だとは言えないそうです。そういう状況にあるけれど、でもやっぱり基地はいらない、だから声を出したい、声を上げたいといってテントに来てくれる人、カンパしてくれる人がいます。

八月の末に、二見以北一〇区の会の集会がありました。久辺三区――南の三区ですね、それから二見大浦湾から北の方を二見一〇区と呼んでいるようです。そこの皆さんが、私たちも反対だという集会を持ちました。その時に感動したのは、つまり、自分の身内の中でも、「私は反対」とは言えない。だけど二見以北の集会があるから皆来たわけです。その中で初めて「あなたも反対だったの、あなたもそうだったの」ということが分かって皆で握手し合うんですね。素晴らしい集会だと思いました。つまり、地域の中で、孤独と不安を抱えている人たちが、ある集会に参加することによって、自分の知り合いが同じように反対しているということを知り、握手しあう訳です。二見以北一〇区の会の松田会長に感謝しております。

どうぞみなさん、名護市は市議会議員選挙で勝利しました。稲嶺市長は不動の姿勢で、この基地建設に立ち向かっています。次は、県民が力を発揮して、必ずや県知事選挙に勝利をして、この無謀な大和《ヤマト》政府に打ち勝っていく番です。その闘いに勝利をしていきましょう。私たちもそのときは、ぜひ辺野古から市街地に行ってマイクを握って、ぜひ力を貸してくれ、そして県知事選挙に勝利をして、最終的な基地の建設断念を勝ち取っていこう、辺野古の世界に誇るサンゴ礁を守っていこう、ジュゴンの海を守っていこうという声をあげたいと、そう思います。頑張ってまいりましょう。

第4章　激変する世界情勢と辺野古基地建設の意味

孫崎 享 ＋ 高野 孟（二〇一四年九月一日放送）

辺野古をめぐる情勢

高野　いよいよ暑い夏が終わりまして、急に陽気も秋っぽくなってきましたけれど、政治、政局の方はこれから熱くなるんじゃないかと、そういう秋が始まろうとしています。その中でも、やはり一一月の沖縄県知事選というのが最大の焦点になる。今日はその辺の話題から入っていこうと思いますが、ニュースとしては名護市議選[1]が始まりました。仲井眞知事の辺野古容認は県民裏切り[2]と言われましたけれど、その後の二〇一四年一月一九日に、まさに現地・名護市の皆さんが異を唱えるという意味で、名護市長選で稲嶺市長が誕生しました。

現在の議席バランス（選挙以前、二〇一四年九月一日当時）では、やはり市長派と言いますか、反対する立場の方が多数派、プラス公明党の二人も反対ということで、二七人中一七人が辺野古反対の勢力でありますけれど、これは何としても辺野古移設賛成派を多数当選させて稲嶺市長との逆転状態、ねじれ状態を作っていこうと、自民党もずいぶん力を入れているようです。

辺野古では、まだ準備段階と言えるのかもしれませんが、無理やり工事が始まりまして、海上保安庁は全国動員をかけて、民間警備会社も陸上に配置して、異例の態勢で何が何でもやるんだという姿勢に出ているようですが、この辺の状況を孫崎さんはどんな風に見ていらっしゃいますか？

孫崎　本当に、日米の間で辺野古に行こうという話はずっと決まっていたわけですけれども、歴代自

1　二〇一四年九月七日投開票。
2　二〇一〇年「県外移設」公約で当選した仲井眞弘多知事が、二〇一三年一二月二七日、辺野古の埋め立て申請を承認した。

民党はやっぱり、これになかなか手を付けられなかった。

高野　そうですね、最初から言えば一八年ですね。

孫崎　なぜ手を付けられなかったと言うと、実施をしようとすると、沖縄県民の反対でもって流血であるとか、そういう不祥事が出るのは間違いない。それを圧してまでやれるという政治決断ができなかったんだと思う。ところが今、新聞報道では、防衛省が若干躊躇しているのに、安倍首相が尻を叩いていると。普通は政治的な判断で官僚の方が「やってください」と言うけれども、住民は減るし、ちょっと無理じゃないかというのが、だいたい普通の総理の態度だと思いますけれどね。

高野　安倍さんは何が何でもアメリカに恩を売りたいと思っている。集団的自衛権も、ある意味はそういう文脈の中での現象でしょう。本来安倍さんはナショナリスト、愛国派であるはずなんですけれど、親米愛国という奇妙な接着物みたいになっていますから、中国と事を構えるにしても、尖閣諸島で突っ張るにしても、これはアメリカの助けはどうしても要るということになる。そういう意味でアメリカに最低限のサービスとして集団的自衛権の解禁、そして辺野古の移設を、歴代総理はやらなかったけど、俺はやったぞという形を見せたいという覚悟の仕方なんだと思います。

孫崎　政党のところで、私ちょっと気になることがあるんですね。一一月の沖縄知事選挙で今のところ、公明党の立場はそんなにはっきりしていない。

高野　していないんです。県連ははっきりと辺野古反対は唱えているんですよね。

孫崎　もしそうだとすると、海上保安庁の動きはちょっと疑問がある行動ですね。いま海上保安庁は辺野古の着工で、今までになく前面に出ていますよね。しかし、海上保安庁の所轄は国土交通省、大臣は誰かと[3]（笑）。

高野　そうですよね。

孫崎　（大臣が）躊躇するんだったら、こんな海上保安庁が取っ捕まえて剥がしていくなんていうことは、普通はできないんじゃないかと思います。集団的自衛権も、公明党は平和の党だと言って進言した雰囲気を最後まで見せていたんだけれども、支持に回りましたよね。今度の知事選挙も、少なくとも沖縄の八〇％以上の人は反対しているわけですから、党として移設に反対しないのは難しい。そういう立場にあるんだったら、こんな海上保安庁の横暴は無理なんじゃないのと言ってほしいですね。

高野　そうですね。安倍政権の暴走に歯止めをかけるのは公明党です、と前回の総選挙をやったわけですから。全然公約を守っていませんね。

移設工事を阻むもの

高野　辺野古移設を強行するために、まず海底のボーリング調査が始まろうとしているわけですが、まだまだこれから工事を阻むいろんなバリアがありますね。何よりも名護の稲嶺市長は市の権限でできることがいろいろあると言っている。例えば、運用地とは別に、辺野古には漁港があって、その一部に建設工事の資材を積んだり、工事線をつけて資材を運び出すということには、民間の港である漁港の使用許可がいるわけですけれど、これは市の権限なんですね。それを筆頭に、この間伺ったら、市長の権限に関わることが十数項目ある。私が市長にお会いしたのは、当選してしばらくのころでし

3　国土交通大臣は、太田昭宏公明党議長。

たが、既に法律専門家も含めて諮問会議を作って、どういう手段を使って、市のレベルで移設工事に抵抗できるか研究をしているとおっしゃっていました。

これまでのところ、建設主体の沖縄防衛局が、市レベルでゴタゴタ言うんじゃないという態度で無視しようとしていますけれども、漁港のことは困っているようです。駄目だとなると、別の手を考えなければならない。ということで、工事計画が一つひとつのことでズルズル遅れていく、考え直さなきゃいけないということがいろいろあるそうです。そこが一つの抵抗線です。

それに加えて、今度の知事選は、はっきりと辺野古駄目と言っている翁長《おなが》雄志《たけし》那覇市長[4]が、今の流れで行けば圧勝というぐらいの勢いで当選する見通しです。どの調査でも、自民党自身の調査でも全く不利だ、仲井眞さんは勝てそうにないという結果になっています。今それに予防線を張って、沖縄防衛局などは、一旦知事が出したOKを、知事が変わったからといって取り消すという法的根拠はないですよ、と脅しみたいに言っているわけです。

専門家に聞きますと、一応、形式分に言えばそういうことになるけれども、実質的にできることはいろいろあるんじゃないかということです。知事と現地市長が連携して、あらゆる知恵を尽してやれば、相当これは強い抵抗が行政レベルでもできるんじゃないかと。加えておっしゃったように、現地はもう覚悟を決めてみんな反対に立ち上がっています。私も、「最後はどうなるんだろう」と思って、沖縄に行っていろんな方と話すと、何人かの方から同じ台詞を聞きましたよ。「最後は血を見るでしょう」と。他人事のように淡々と。淡々であるがゆえに、何か覚悟というような——もちろん流

4　一〇月三日付で那覇市長を退職した。

血なんか起きてはいけないんですけれども――そのぐらい強い意志でちゃんと示さないとあかん、というふうに非常に多くの方がおっしゃっている。私も具体的には三人ぐらいから同じ台詞を聞いた。お年寄りと、中年ぐらいと、若い人と、ちょうど三つに分かれていましたよ。そういう覚悟の抵抗が起きている。

ジュゴン訴訟の反響

高野　もう一つ注目しているのが、ジュゴン訴訟です。これは、国内ではどんな裁判を起こしても簡単に負けちゃいますけれども、前回は七年前に、アメリカのベテラン環境弁護士と組んで、アメリカの地方裁判所に持ち込みまして、要するに「自然破壊、人工および天然全ての文化財を破壊するようなことを、国防総省のみならず、全てのアメリカ政府機関はやってはいけない」という趣旨の、アメリカの文化財保護法という法律に反するということで訴えて、事実上、勝訴したんですね。そのころあまり注目されなくて、ご存知ない方も多いと思いますけれど、ペンタゴンは当然その判決を無視しました。

最近のニュースでは、同じ訴訟団が、さらに項目を追加して、ジュゴンの食べた跡だとか、その後のいろんなデータを揃え、再提訴した。そうしたら、アメリカのサンフランシスコ連邦地裁が受理した。これはなかなか、重いことなんですよ。前回のときは、アメリカ人でその判決に注目するひとは一人もいなかったですけれど、オリバー・ストーンはじめ著名な知識人、文化人の〝辺野古ダメ〟という応援団ができた。アメリカでまた裁判で戦うんだということになると、かなり国際世論は大きく盛り上がることも考えられます。

辺野古建設を推進するには、いくつもいくつも大変なことが控えている。むしろ安倍政権が窮地に立つということさえあり得るという状況ですね。

ジョセフ・ナイ寄稿の衝撃

孫崎　実は今日、沖縄の視聴者から、琉球新報の記事「『在沖基地は脆弱』ナイ氏寄稿　日米同盟再考求める」を紹介してほしいという話がありました。[5]

一番のポイントは、これは当然のことなんですけれど、ミサイルはどんどん発達してくるので、沖縄における米軍基地というものの脆弱性が非常に高まってきたとジョセフ・ナイが明言したことです。今から二、三年前だと思いますけれど、ワシントン・タイムズという右寄りの新聞に、中国は八〇の中距離・短距離弾道弾、それにクルーズミサイルを三〇〇持っていて、それに対し在日米軍基地はものすごい脆弱だという論文が載っていた。この反響が広がってジョセフ・ナイが、そういうことで言うと沖縄における米軍基地というのは、もう少し下がれという論評を出した。ということで、米国から見て沖縄の重要性が減っているんですよ、ということがまず一つ。

それからジョセフ・ナイという人は、二〇一〇年の一月か二月くらい、鳩山政権の時に、こういう

5　「ナイ氏は『中国のミサイル技術が発展し、沖縄の米軍基地は脆弱になった』とも指摘。沖縄に米軍を集中させる理由として日米両政府が説明してきた『地理的優位性』が、実際は乏しくなり続けていることもあらためて認める形となった。」（琉球新報、二〇一四年九月一日）

論文を出したんですね。辺野古で勝っても、それは日米関係全体から見るとちっちゃなことなんだ、こんなところで無理するなということを言っていた。ということでジョセフ・ナイは以前から、辺野古移転に対してそんなに乗り気ではない人なんですね。

ジョセフ・ナイがどういう人間かと言うと、一九九〇年以降、冷戦が終わって日米同盟をどうするかという時に、やっぱり日米関係は重要だという再定義を行った。一九九五年に、国防次官補だったジョセフ・ナイは「東アジア戦略報告（ナイ・レポート）」を作って、それが一九九七年の新ガイドラインにつながったわけですけれども、そういう中で在日米軍、日米軍事関係というのは非常に重要だと言った人が、今では、沖縄の基地の重要性は減ったと言っている。この認識は、かなり知識人の間に浸透しているのだと思います。

もう一つ、これは「ハフィントン・ポスト」というインターネット新聞に出た論評なんですけれども、「日米関係は不確定のためのヘッジ（a hedge against uncertainty）」という面白い言葉を使っている。ヘッジ（危険分散のための備え）という言い方は、日米関係を言う時に時々出てくる。日本にとってのヘッジ、アメリカにとってのヘッジなんですね。

アメリカにとってのヘッジというのはどういうことかというと、基本的には米中は仲よくしています、手を結んでいますと。ただ、どこかでこれがおかしくなるという可能性があるかもしれないから、そういう時に備えて日米関係を持っておきなさい、こういう論評なんですね。一番明確に言ったのはファリード・ザカリア[6]だと思うんですが、本音はやっぱり米中関係を改善していくんだということ

6　インド出身の国際問題評論家

です。だけど、ヘッジとして日本と仲良くしましょうと。

高野　ずるいですよね。

孫崎　そう！　ところが日本の方は、これがアメリカの本音だと思っているという、この辺のズレなんですよね。

今後の米中関係の見方

高野　一貫してズレていますよね。米中関係における二一世紀前半の最大の出来事は米中逆転――逆転と言ってもＧＤＰだけの話ですが、それでもこれはやっぱり世紀の出来事です。このような事態を目前として、アメリカ側の中国の捉え方はいくつかのパターンに分かれている。一つは覇権交代論、イコール中国脅威論ですよね。アメリカは衰退してきた、オバマになってますます弱腰になってきた、軍事力を使うのにためらうようになってきた。それに対して中国はバンバン台頭して来ている、このままでは中国に覇権を取られちゃう、という覇権交代論＝中国脅威論というのが一つ。これは右翼、ネオコンの生き残りとか、共和党派のマケイン上院議員とかそういう人たちが主張しています。

二番目は、一時期、知識人が言っていたＧ２論、米中共同覇権というものです。利害が一致して、それこそ世界を半分ずつにするんだか知りませんけれど、米中協調、米中で共同管理するんだ、みたいな。これは非現実的で、あまり言う人はいなくなった。

主流の考えは三番目で、世界は全体としては中心覇権国というものが段々無くなっていく中で多極化していくという考え方です。しかしその中で、相対的に見れば米中が主導的でなければならず、一に協調、二にいろいろ矛盾はあるけれども、いろいろ難しいところをやりくり、駆け引きしながら、しかし大局的に米中関係というのは前進させていくんだと。もちろんリスクはありますがそれを模索していく以外に、米中関係は見えてこない。多極化の中における米中の協調と競争の体制というか。この三パターンがあるんですよね。そのうち三つめが一番リアルな、そして「外交政策マフィア」の主流の考えです。

ズビグネフ・ブレジンスキーもはっきり言っていて、ニューヨーク・タイムズに二〇一三年二月に寄稿した論文で、中国の覇権を心配する人がアメリカに結構多いけれど、このポスト覇権時代においては、いかなる国も世界を支配するために戦争を起こすなんてできない、そういう時代がきているんだと。なぜならば、経済とか、核兵器の威力とか、ずっといろんな条件を見ていけば、アメリカの覇権は衰えていくけれども、それはアメリカが衰退しているからではなくて、覇権なき多極世界に移行していくからなんだと。アメリカも今までの発想――二〇世紀の力任せの発想から卒業して、そういう時代に適応していかないと生き残っていけませんよ、という考え方ですね。

オバマは一面において多極世界への準備をやっていると思うんです。そうすると右翼の方から弱腰、弱腰と言われる。ところが安倍さんは、アメリカの右派の一部の考え方とリンクしていますから、オバマは弱腰だ、俺がしっかりしなきゃ中国にやられちゃうと思い込んでいる。だからむしろ日本が先頭切って中国と対決姿勢をとって、弱腰のオバマを引っ張ってやっているんだと思っている。驚くべき認識ギャップですよね。それが今、日本が抱えている一番危なっかしいところですよね。

沖縄の基地が抱えるリスク

高野　最近は北朝鮮のミサイルの打ち上げ方も変だと言うんです。わりと距離が出るやつを真上にあげて落として、あれは沖縄の米軍基地を狙う練習だと言っている人がいましたよ。[7] 中国のミサイルにしても、北朝鮮のミサイルにしても、沖縄に届いてしまう。仮に北朝鮮や中国がアメリカと戦うという、いざという場面に来たら、真っ先に沖縄の基地を撃ちます。昔と違って、直近なところに巨大な軍事基地コンプレックスを抱えている方がリスクが大きい。これは、軍事常識じゃないですかね。

孫崎　そうだと思いますね。

高野　この辺野古をめぐる一〇年、二〇年近い経過の中で、日本側はずっと「いえ、そうおっしゃらず、沖縄にいてください」と、奴隷根性丸出しでやってきた。思いやり予算も、お金も全部出しますからいてください、と言っていたのは日本ですからね。まさに『戦後史の正体』（創元社、二〇一二年）にあるように、対米従属丸出しの結果ですよね。

孫崎　私は『日刊ゲンダイ』に米軍の犯罪の記事をちょっと書いた。二〇〇四年から二〇一三年、公務中の犯罪が二一三八件、公務外が七八二四件。これが強盗であるとか、強姦も含んでいると。一日二件起こっているんですよ、すごい数です。だから、その時にも書いたしこれからも発言していくんですけれど、日本の国民は、外国の軍隊でなければ自分たちの国は守れないという神話を持っている。

例えば、私は一九九三年にウズベキスタンというところで大使をしていたんですが、ウズベキスタンで独立（一九九一年）後、一番最初にやったことが、ロシア軍の撤退なんですね。小さな国ですか

7　友愛ブックレット『韓国・北朝鮮とどう向き合うか』参照

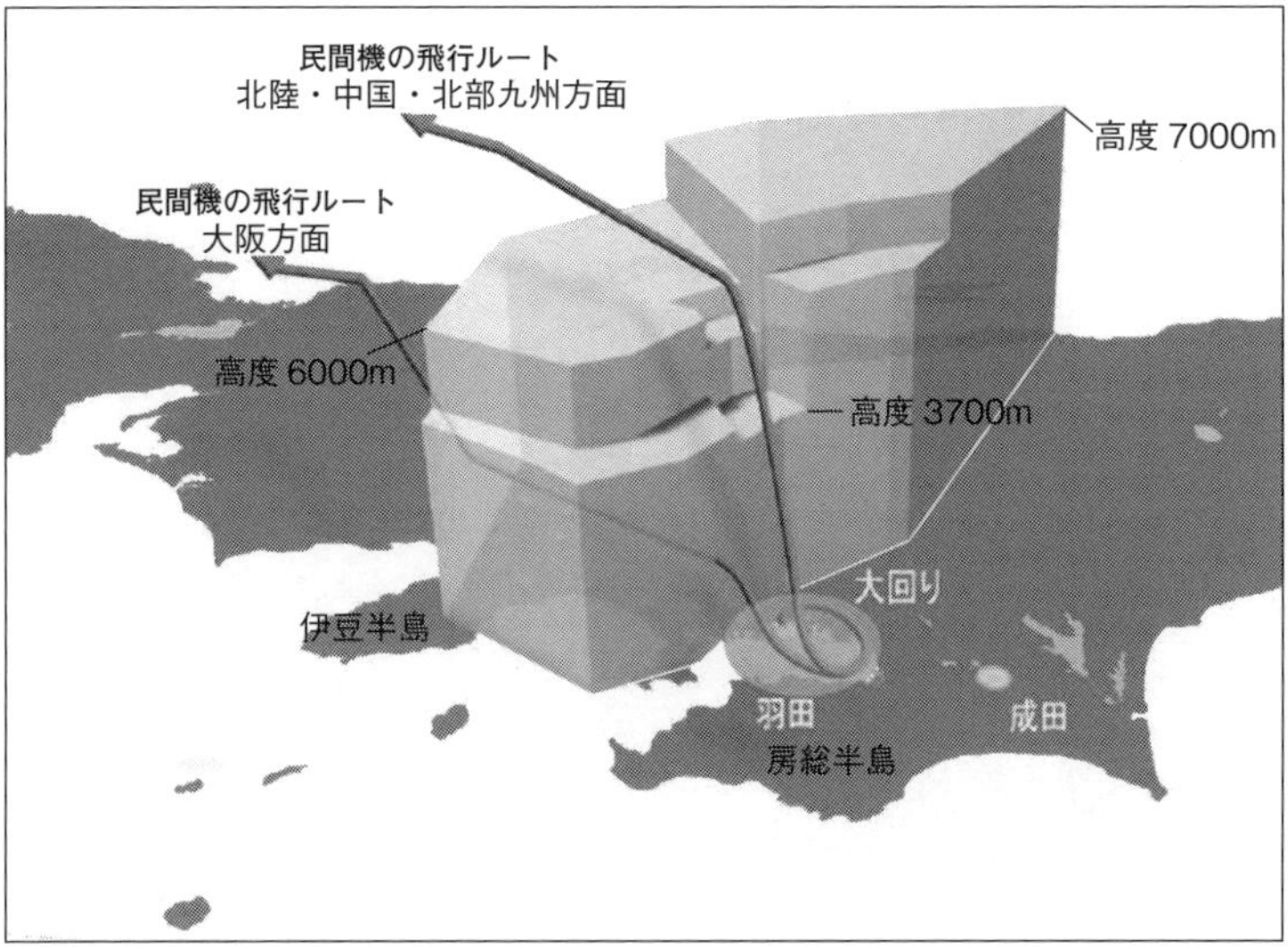

横田空域

ら、周りにはインドもいる——地域で見ればインドは強い。その他に、パキスタンもいる、イランもいる、それから中国も周辺にある。

高野　アフガニスタンとも国境を接している、中央アジアの要所ですからね。

孫崎　そうです。危険というのはいっぱいあるけれども、ロシア軍に残って守ってもらおう、なんて議論は何もないんですよね。独立したんだから。

高野　世界の常識ですよね。

孫崎　たぶん今、首都圏の上空が外国の軍隊に牛耳られているっていう国は世界でもほとんどないんじゃないですかね。

高野　首都圏上空がどこまで米軍のものになっているかという立体図を見ると、少しは削られてきてはいるんですけれど、七〇〇〇m上空まで、東京の半分以上の空が我が国の領空ではないわけですね。

孫崎　「排しているわけじゃないけど、何が起きても知らないよ」という言い方をしている。

高野　管制権が向こうにある。

孫崎　よく米軍に出ていけと言うと、じゃあ中国に支配されていいんかい、という批判がある。そんな国、世界中にないんですよ。外国に支配されている。なんで米軍がいなくなったら、中国軍が日本を支配しなきゃいけないのか。奴隷があちらのご主人の方がもっと鞭をうったりでひどいから、今のご主人についていったらいいんじゃないかという、そういう論理なんですよね。

冷戦時代と同じ発想

高野　ご主人がどこかにいなきゃ困る。戦後の日本人の骨抜きというのはそこですよね。

では自分で守る、自主防衛となると、米軍が引いた分だけ日本が軍備を倍増でも、三倍増でもしなければならないんだという議論が出てくる。特に自民党の皆さんは必ずそう言うんですけれど、今の自衛隊も在日米軍も、冷戦時代とほとんど同じ規模のままいるわけですよ。多少減ったりはありますけれど。だけどそれは、旧ソ連の極東にある機械化師団が、渡洋攻撃、上陸作戦をやってくる可能性があることを一応想定しなければならなかった時代の話だった。それが消えてしまって、北朝鮮の出来損ないミサイルがその辺に飛ぶかもしれないとか、中国が軍艦を持ち出したりとか、そのくらいのことで、今までと同じ装備と配置を日米両軍合わせて持っている必要はどこにあるのか。

つまり、防衛論の始まりである脅威の見積もりが正確になされていない。一体我々は実際にどういう脅威に直面しているのか。脅威としてあり得る危機の様態にはこういうケースもある、それに対処するには最低限ここまでは配置が必要だという試算です。すると、例えばこのケースで、第一段階、第二段階とあって、第三段階まで行ってしまったときには、日本の自衛隊で足りないかもしれないなとかいった話になる。冷戦時代と同じだけの米軍がいて、自衛隊予算はむしろ増えて、じゃあ、何の脅威に日本は直面しているんですかと問えば、中国が来るじゃないか、北がミサイルを撃つじゃないかという。そういうロマンチックというか情緒的な話ではなくて、実際に見積もられるべきは真剣な戦略上の脅威ですよね。

孫崎　その点からいくと、アメリカは非常に巧妙に、日中の戦争に巻き込まれないことを考えているんですよね。まず二〇〇五年に「日米同盟：未来のための変革と再編」[8]という文書が出て、これが将来図になっている。集団的自衛権だとか秘密保護法はここからスタートしているわけですけれども、この中に、島々の防衛は日本の責任と書いているんですよね。[9]そして基本的にこれは一貫していて、島嶼防衛のプライマル・レスポンシビリティー、主たる責任は日本側にあるとずっと言ってきている。

高野　それは日本の領土ですから、個別的自衛権。

孫崎　ということで結局、島の防衛というところに米軍が出てくる想定図というのは、基本的に無いと思った方がいい。プロパガンダで「こういうのもありますよ」というのはありますけれど、実際問題、運用のときには、これは米軍が出てくるという話ではない。

8　外務省による仮訳（http://www.mofa.go.jp/mofaj/area/usa/hosho/henkaku_saihen.html）参照

9　「日本は、弾道ミサイル攻撃やゲリラ、特殊部隊による攻撃、島嶼部への侵略といった、新たな脅威や多様な事態への対処を含めて、自らを防衛し、周辺事態に対応する。」（「日米同盟：未来のための変革と再編」Ⅱ-2）

「島の防衛に米軍が出てくる」という非現実性

孫崎　この問題はますます強くなったのですが、去年、シリア空爆という話がありました。その時、アメリカが今までと違った行動をとったのは、オバマ大統領は空爆するにあたっても議会に諮《はか》るということをやった。議会の雰囲気を無視して行動をとるのが今まで以上に難しくなってきたということです。アメリカは、基本的には対中関係は重要だから壊さないでいこうとしている。そんな中で、自分たちが重要だと思っている国と、重要でない国の国益のために戦うか、となれば――

高野　戦わないですよ。島嶼防衛というのはそれが言われ始めた頃に、当時、評論家のちに防衛大臣になった森本敏《さとし》さんがいらっしゃって、森本さんから申し入れられて、拓大の森本ゼミと早稲田の高野ゼミで、防衛論の学生同士のディベートをやったことがあります。僕は何かの都合で現場には行かれなかったんですけれど、行った奴が「完勝でした」と言っていた（笑）。それは余計な話なんですが、その頃森本さんに、全く自由な大学教授の頃にですよ、「森本さん、島嶼防衛ってなんですか？」と。誰が日本の島を取りに来るのか、現代においてそういう危機シナリオってあるんですかということを訊いた。そうしたら、森本さんは「いや、実はね、北海道の陸上自衛隊がやることがなくなっちゃったんですよ」と言ったんです。その通りだと思いますよ。ソ連軍の着上陸侵攻に対して、戦車一〇〇〇台を並べて戦車戦をやって三日は持たせるというのが当時のシナリオだったわけですよ。それがお役ご免になったので、島に戦車を持って来ようとしているんですよね。いらないんですよ、はっきり言って。離島一つひとつに守備隊を置くんですか、と。

オスプレイは役に立たない

孫崎　戦車の話を言いますと、私は一九八六年から八九年、イラクにいたんですよ。イラクに、バスラ皇軍っていうのがあった。基本的にどういう構図になっていたかというと、イランは昔はアメリカの武器を配備していたんですけれど、革命が起こってからアメリカの武器は備品も含め来なくなったというので、軍備が不足していた。大学もない。それで人海戦術で攻めるということになったときに、それをイラクの戦車なんかで防ぐという図式だった。人海戦略で行くのを戦車で止める、それに一応の均衡点があったんですね。

ところがイラン・コントラ事件というのが起こった。イラン・コントラ事件というのは、当時の米レーガン政権が中南米で反体制派をやっつけるために資金がいる、しかしその資金は議会に頼んで手に入れるわけにはいかない、秘密でやらなきゃいけないということで、アメリカの武器をイスラエルを通じてイランに売って、そのお金を使うという事件があったんですね。

高野　そのお金で、ニカラグアの反体制のいわゆる右翼ゲリラ、親米ゲリラを助ける。秘密訓練を施して、武器を与えて――CIAがややこしいことやったんですね。

孫崎　その時、私はバスでイラクに入ったんですよ。日本人がその近くにいたものですから、どのくらい危険か視察に行ったんですけれども、いたるところにミサイルにやられた戦車が転がっている。戦車とかそういうものは、何の役にも立たない。ミサイル一発でやられちゃうんだから。

高野　役に立たない。空と陸だから。

孫崎　その話からいくと、さっきのオスプレイも島嶼防衛に何の役にも立たない。一発でやられますからね。

高野　航空自衛隊の元パイロットに聞いたら、オスプレイは戦闘用には向かないそうですよ。米軍はイラク戦争など実戦に運用してると言いますけれど、一〇〇％兵員や物資の輸送機に使っています。海兵隊が本来得意とする敵前上陸作戦は、荒天の中、夜間、向うから撃ってくるかもしれないという状態で突っこんでいって、ばーっと兵員を下ろして突撃させるというようなイメージなんですね。それにオスプレイを使うのは無理だそうです。危なくて、平時に後方の輸送機としてしか使えない。欠陥機なんですよ、横風や追い風に弱いし、密集隊形で突入して行った時に、両脇の自分の味方と接近しすぎると危ないそうです。隣の機の気流で不安定化しちゃう。さらに、エンジンが止まった時に、自然に風の抵抗で羽が回ってゆるやかに降りられるという機能はほとんどのヘリコプターについているんですけれど、オスプレイにはついていないそうです。どちらにしても全然役に立たないということです。

第5章　今さらながら、沖縄に海兵隊はいらない!!

高野　孟（二〇一四年九月一二日　沖縄県那覇市古島教育福祉会館）

私が沖縄にこだわり続けるのは

なぜお前ごときが東京から来てここでしゃべっているのかと思う方もあるかと思うので、最初に私が沖縄にこだわるワケについてお話しします。拙著『沖縄に海兵隊はいらない！』（にんげん出版、二〇一二年一二月刊）の「はじめに」でも書いたことですが、一九六二年、一八歳の時に初めて訪れた〝外国〟が沖縄でした。その時に嘉手納空軍基地などを見て、沖縄の置かれている現実を体で感じました。その二年前には、安倍さんのおじいさんが目論んだ日米安保改定に反対する大闘争が盛り上がり、高校二年生だった私も毎日デモにフル参加し、また安保条約や日米地位協定についても暗記するほど勉強していました。が、沖縄に来て初めて、沖縄と安保がまさに表裏一体の構造であることを実感しました。

それから六年かけて一九六八年に大学を出て（六年もかかったのはデモやストライキばっかりやっていたからですが）通信社に入って記者となり、七一年、沖縄返還闘争のまっ最中、佐藤・ニクソンの沖縄返還協定が調印されたちょうど一カ月後に、二七歳で初めて出した単行本が『君の沖縄』（学習の友社）でした。そのタイトルは、沖縄と安保は表裏一体だということを君は忘れていないか、沖縄は君自身の中にある、という意味でした。

時を経て、一九九五年冬から九六年秋までの一年半、私は旧民主党の結成のための政策論議に深く関わりました。その途上で沖縄で少女暴行事件が起きて強い衝撃を受け、当時の大田県政下、「基地返還アクションプログラム」が発表されていることを知って、吉元政矩副知事にお目にかかってその発想を学び、旧民主党の中心政策に「常時駐留なき安保」と「東アジア共同体構想」をワンセットで盛り込むことに腐心しました。その意味は、一つには、旧民主党は単に沖縄県のこの挑戦を支持するというだけでなく、それに学んで日本全体でそのような基地返還計画を立案して対米交渉に乗せていこうということ。もう一つには、そうやって米軍基地負担を減らそうとすると、必ず「米軍を減らした分だけ自衛隊の自主防衛力を増強しなければ」という意見が出て来るにちがいなく、それは、冷戦時代と脅威の質と量が変わらないのであれば成り立つ理屈かもしれないが、そうでないとすれば、むしろ積極的に東アジアの安保共同体、すなわち地域の全ての国を包括するラウンドテーブル型の信頼醸成・危機回避の新しい集団安全保障体制の形成に取り組めば、それが成熟するに連れて米軍の日本及びアジアにおける常時駐留の必要性が減っていくという、ダイナミックな考え方をすべきだ、ということでした。

その後、ＳＡＣＯ協議が二転三転する中で、私自身が主宰するニュースレター『インサイダー』では、普天間と辺野古の問題やそれへの日本政府の対応をはじめ冷戦後の防衛政策のあり方をしばしば論じ、それらの主なものをまとめて二〇一二年には『沖縄に海兵隊はいらない！』を上梓しました。なお、この本の第二章第一節に収録した二〇〇九年九月の記事で、私が普天間の嘉手納統合が可能だと主張していることについて、以前に沖縄在住の方から「県内移設に賛成なのか」と詰問されたことがありました。しかしこれは、本書の他の個所でも明記しているとおり、私は当時、（１）まず普天間の海兵隊を暫定措置として嘉手納に統合することで、（２）日米政府に辺野古の新基地建設を断念させた上で、（３）腰を据えて海兵隊全体のグアムへの全面移転を時間をかけて対米交渉していく──ということを考えていて、それはそれなりの一つの方策であったと思っています。

さて、鳩山友紀夫さんが総理であった間は、私は一度も会いに行くことはなく、『インサイダー』の誌面を通じて「ああっ、そんなこと言ってはダメですよ」という調子で遠くから批評だけしておりましたが、お辞めになってすぐに六本木の天麩羅屋でお目にかかって、「県外」で挫折したあなたの思いを実現していくためには「東アジア共同体研究所を作ったらどうですか」と申し上げました。三年後の二〇一三年三月にそれが実現し、私も理事に加えて頂き、さらに私も奔走して一四年五月には研究所の琉球・沖縄センターも開設記念シンポを開催することができました。[1] 私も今年は古希を迎えて、振り返れば半世紀以上にわたって沖縄と関わって生きてきたことになります。

四三年前から思い続けてきたこと

四三年前に出したその『君の沖縄』という本で、私は第一章とその他一部の執筆を担当したのですが、ひと言でいえば「これを沖縄の祖国復帰と呼んで手放しで喜んでいいのか？」という趣旨でした。沖縄返還協定の本質は、米軍は在沖基地の管理と警護、費用負担を日本に押し付けるだけで今まで通りに居座る一方で、自衛隊は初めて本土の枠を超えて沖縄へ、西太平洋海域へと大きく進出して、米軍のアジア侵略にこれまで以上に積極的に協力して行こうという、日米の一層緊密な軍事的・体化にあるのではないか。

それでこの本の四二ページには、返還協定文書の中から探し出した図版（左ページ）を掲げて、「ほら、このように自衛隊の作戦領域は一挙に広がって日米安保が米韓、米台、米比安保と連動しあ

1　友愛ブックレット『東アジア共同体と沖縄の未来』参照

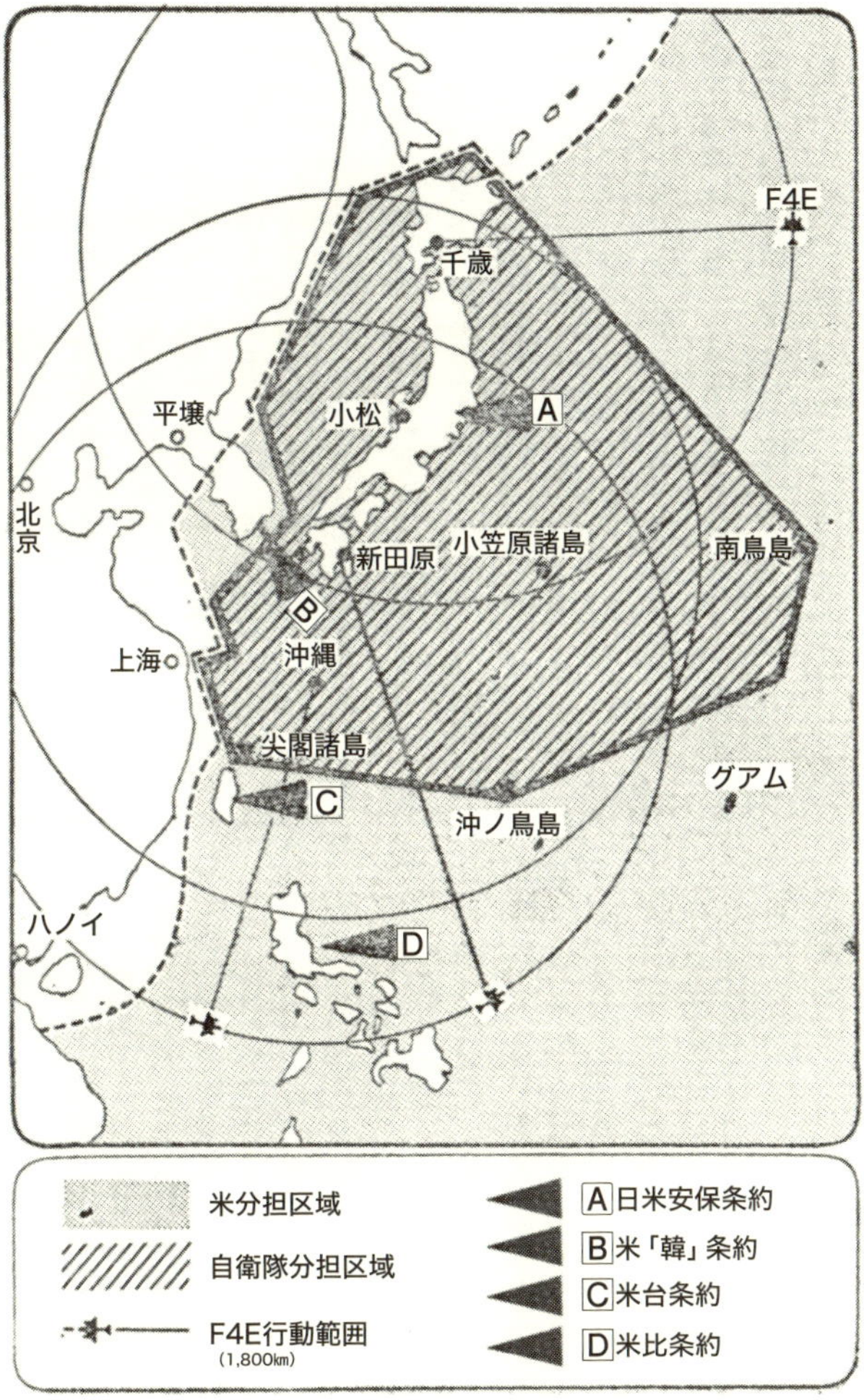

沖縄協定と防衛取り決めで一挙にひろがる自衛隊の作戦行動

うようになる」――つまり日本帝国主義の南方再進出というベクトルを色濃く含んでいるのであって、提灯を掲げて祝賀するというのは甘すぎないか？　と問題提起をしたのです。私が在職した通信社は、日本共産党中央の直下にありましたが、このような沖縄返還の捉え方は党中央の容認するところではなく、これをきっかけに私は翌年、大がかりな〝反党〟活動の首謀者の一人にデッチ上げられて、拉致・監禁・査問の末に党と職場を追われることになりました。

しかしいま沖縄では、まさに私たちが四〇年以上前に懸念した通りのことが荒々しく進行しています。野田政権の尖閣国有化という愚行をきっかけに日中関係は泥沼に陥り、後継の安倍政権はむしろそれを喜んで活用して、今にも中国軍が尖閣に攻めてくるかのように〝尖閣危機〟を煽り立て、「中国包囲網」形成を日本の外交戦略の中心に据えました。

そして、これも野田政権の頃からのことですが、外務省を介して米国政府に対して事あるごとに「尖閣は日米安保の適用範囲ですよね」と確認を求めてきました。それはその通りで、日米安保条約が「日本の施政下にある領域における、いずれか一方に対する武力攻撃が自国の平和及び安全を危うくするものであることを認め、自国の憲法上の規定及び手続に従って共通の危険に対処するように行動する」（第五条）と宣言しているわけですから、訊かれれば歴代の国務・国防長官も「その通り」と答えるに決まっています。

マスコミも加担する尖閣危機煽動

すると外務省発表を鵜呑みにした本土マスコミが「〇〇長官が尖閣は安保の適用範囲と明言」と

大々的に報じる。詳しいことが分からない国民の多くは、「おお、そうか」と。「米国は尖閣がもしもの時には一緒に中国と戦ってくれるのだな」と思い込む。そういう情報操作にマスコミは手を貸してきました。

それで去る四月のオバマ大統領の来日では、それを何とかして大統領の口から言わせようというのが安倍晋三首相の最大目標となった。大統領といえども、訊かれれば「その通り」と言いますよね。それは安保条約の法律的解釈としてそうだということであり、だからと言って米国が、仮に日中間で尖閣をめぐって武力紛争が勃発したとして、それに自動的に介入するなどということはあり得ず、その時々の政治的判断や議会承認を含めた憲法的手続き、さらには米国として中国と戦争を構えることの戦略的決断が必要になります。

尖閣の防衛そのものは、日本の施政権下にあるのだから、日本として個別的自衛権を発動して自分で守ります。しかしそれだけでは足りないかもしれないので、予め米国が日本に対して集団的自衛権を発動して参戦してくれるよう約束を取り付けておきたいというのが安倍さんです。そのためには、一方では、日本自身が真剣なのだということを示すために、自衛隊による「島嶼防衛」態勢を着々と構築する。また他方では、日本も米国に対して集団的自衛権を発動できるようにして、お互い様という関係に持ち込んで、日米共闘で中国と敵対する構図を作り上げたい。それが安倍さんの思考回路です。

中国の防空識別圏をめぐる情報操作

そのために、尖閣危機が意図的に煽動されている。その一例が、中国が二〇一三年一一月に、尖閣

毎日新聞

中国、防空圏3年前提示

日本コメント拒否

非公式会合　発表と同範囲

『毎日新聞』2014 年元旦朝刊一面

上空を含む防空識別圏の設定を発表して大騒ぎになり、それがあたかも中国が間もなく尖閣を攻めてくる兆候であるかのように報じられてきたことです。

問題は、中国が突然、一方的にこういうことを発表して、尖閣に対する領土的野心を剥き出しにしたかのように報じた、日本のマスコミの情報操作的な報道姿勢です。それを覆すようなスクープを放ったのは毎日新聞で、一四年元旦の一面トップで（写真）、中国側が三年半前の一〇年五月に北京で開かれた日中政府間の非公式会合で、中国が想定する防衛識別圏について地図まで示して、これだと尖閣周辺は日中の防空識別圏が重なり合うからと言って、「航空自衛隊と中国空軍の航空機による不測の事態に備えたルール作りを提案した」が、日本側は

「コメントできない」と突っぱねた、と報じました。

記事によると、しかしその後、自衛隊と中国軍との間で「海上連絡メカニズム」の検討が進んで、一二年六月には、防衛当局者や専門家による定期会合、複数のホットラインの創設、現場の艦船・航空機間の通信などを柱とする基本合意が達成され、同年秋には中国軍トップが来日して調印式を行う段取りまで組まれていた。ところがその年九月に野田政権による尖閣〝国有化〟の暴挙があり、この流れは切断されてしまったと言います。[2]

この経緯を報じたのは毎日だけで、これを見ればこの問題の扱い方は全く違ってくるはずだし、その中に解決策もはっきりと見えているのですが、政府はもちろん他紙もそれを無視して、依然として「中国が突然、防空圏を指定して戦闘機を飛ばしているのはけしからん」という報道しかしていない。もちろん中国軍の動きも不穏で子供じみた挑発行為だとは思うけれども（ただしこの半年余りは、習近平体制が落ち着いてきたことの反映か、著しく抑制されていますが）、日本政府とマスコミが建設的な平和的解決の道を自ら閉ざしてきたことは疑いがありません。

米国は尖閣如きで中国と戦争はしない

毎日のスクープのような例外もあるのですが、総じて本土の大手マスコミは安倍政権の側に立って、

2　その後、安倍首相は九月二二日に米コロンビア大学を訪れて学生たちと対話した中で、尖閣諸島などをめぐる日中の緊張緩和をめざし「偶発的な衝突を回避するための『海上連絡メカニズム』構築に向けて働きかける」意向を明らかにした。

歪んだ報道をしている。尖閣絡みでさらにいくつか例を挙げます。先にも触れたように、四月のオバマ米大統領来日では安倍は、銀座の高級寿司店でおごったりして、何とかしてオバマの口から「尖閣は日米安保の適用範囲」と言わせようと試みた。それ自体は成功して、各紙もそこを大見出しで伝えました。多くの人はその見出しだけを見て、共同記者会見の詳しい中身まで読みませんから、「おっ、オバマがそう言ったということは、尖閣で何か起きたら米軍も出動してくれるんだな」と思ったことでしょう。

しかしオバマは共同記者会見の場で、その発言について「レッドラインを引いたのか？」（つまり中国がここまでやったら米軍が出るぞという警告ラインを示したのか？）と問われて、こう答えました。

「予断に基づく質問で同意できない。日米条約は私が生まれる前に結ばれたもので［オバマは一九六一年生まれ］、日本の施政下にある領域は安保の適用範囲だと歴代の米政権が解釈してきた。レッドラインは引かれていない。首相に申し上げたのは、この問題で事態がエスカレートし続けるのは正しくないということだ。日中は信頼醸成措置をとるべきだ」

「平和的に解決することが重要だ。言葉による挑発を避け、どのように日中が協力するかを決めるべきだ。米国は中国とも非常に緊密な関係を保っており、中国が平和的に台頭することを米国も支持している」

私がどこかの新聞の編集局長なら、この部分をクローズアップして「オバマが尖閣問題の平和的解決を強調」「尖閣でレッドラインは引かずと安倍を牽制」とか見出しを立てるでしょう。

マスコミが伝えなかった在日米軍トップの発言

もう一つ、今年二月にアンジェレラ在日米軍司令官が日本記者クラブで行った会見で、次のような発言をしました。

Ｑ：中国の防空圏設定をどう思うか？

Ａ：現状を力で変えようとするのは認められない。しかし中国は脅威をもたらす国ではなく、我々と地域の安全を共有し、責任の一端を担うことが可能だ。日中が胸襟を開いて対話できる時が来るよう望む。

Ｑ：もし日中が軍事衝突したら米軍は？

Ａ：衝突が発生することを望まない。仮に発生した場合、「救助」が我々の最重要の責任だ。米軍が直接介入したら危険なことになる。ゆえに我々は各国指導者に直ちに対話を行い、事態の拡大を阻止するよう求める。

Ｑ：中国軍が尖閣を占領したら米軍は？

Ａ：そのような事態を発生させないことが重要だ。もしそういう事態が発生したら、まずは日米首脳による早期会談を促す。次に自衛隊の能力を信ずる……。

自衛隊の能力を信ずるって……自分で勝手にやりなさい、米軍は出て行きませんよ、ということでしょう。在日米軍トップがこんな大事なことを明言したのに、日本のマスコミは一行も報じない。私がこれを知ったのは、在日中国人記者からでした。どうして報じないのか。官邸から叱られるからじゃないんでしょうか。

「脅威」を情緒的に煽るのは止めよう

このような安倍政権による大手マスコミを通じたマインド・コントロールの鍵となっているのが、「脅威」についての情緒的な煽り立てです。

すべての防衛論議の出発点は、脅威の正確な見積もりでなければなりません。安倍さんは口を開けば「我が国をとりまく安全保障環境が厳しさを増す中で……」と言いますが、どこからのどういう脅威がどれだけ厳しくなっているのかを具体的に言うことはありません。それを問えば、「だって中国の艦艇や航空機が尖閣の周りをウロウロしているじゃないか」「北朝鮮がやたらとミサイルをブッ放しているじゃないか」と言うのだと思いますが、そういうことを現象論のレベルで捉えて「さあ大変だ」と騒ぎ立てるのは余りに情緒的で、そんなことから軍事・外交戦略が出発したのでは危なっかしいことこの上ない。

中国の艦船や航空機が尖閣周辺に出没するという現象論レベルの認識から、直ちに「中国が今にも尖閣を占領しようとしている」つまり日本侵略に踏み切るつもりであるとか、それどころか「太平洋の西半分を支配しようとしている」とかの本質論レベルの判断に至るには、余りに飛躍が大きすぎます。仮にそういう最も極端な事態まで想定の一つに加えなければならないとしても、それに踏み切るには中国といえども対日本ばかりでなく全世界的な外交的・政治的・経済的な利害得失を考慮せざるを得ないわけで、そんなことは指導部は分かり切っているけれども軍部タカ派をコントロールし切れていない面もある。そこを冷静に分析して、そういった極端な事態が起きる可能性はどの程度か、そしてまずは、在日米軍司令官が強調するように、そのような事態が万が一にも起きないようにする安保環境を作るための外交の戦略と戦術を立てなければならないでしょう。

それでもその極端な事態が起きる可能性が一〇％は残るだろうとか、いや一〇％すら起きそうもないけれども偶発事故から双方が望んでいないのにそのような方向に転がり込むことは警戒しなければならないとか、いろいろな判断が立ちうるわけですが、その時に一番肝心なのは実体論レベルの解析になります。中国軍による上陸占領、民間人を装った特殊部隊による上陸、民間人による上陸の容認、上陸はせずに周辺海空域で示威行動……など戦術的な様々な様態を想定して、それを支援するためにどういう手段が用意されているか、実際にその準備をしている兆候があるかないか、またその政治的な狙いは何か、等々を検討対象としなければならないでしょう。

鍵となる実体的な分析

冷戦時代には、旧ソ連の極東にある強力な機械化二個師団による北海道への着上陸侵攻という脅威シナリオが、一定の現実味を持っていました。レーガン米大頭領が旧ソ連を「悪の帝国」と呼んで新冷戦を呼号していた頃、日本のマスコミもそれに同調してソ連の脅威をあらん限り書き立て、週刊誌などは「或る日あなたの札幌の家の庭先にソ連の戦車が」みたいな記事を書きまくった。その当時、私は自衛隊の北部方面の幹部に取材して「週刊誌はこんなことまで言っているが」と水を向けると、「あのですね、ソ連極東に二個師団がいるのは事実ですが、ウラジオストック港には輸送船がないんですよ。戦車師団は空を飛べませんからね。これで極東に輸送船が集結しつつあるとなれば、我々は潜在的脅威が現実的脅威に転化したと判断して、即戦態勢に入りますが」と言っていました。機甲化師団を渡洋させる輸送船という実体が伴っていない限りは対日大規模侵攻という脅威の本質は発現しようがないから、その脅威は潜在的に留まっていたというわけです。

で、その潜在的脅威すら消滅した冷戦後の環境で、日本は一体どのような潜在的及び現実的な脅威に直面しているのか、脅威の見積もりをやり直さなければならなかったはずです。ところが、それをやれば必ず、冷戦時代のような東西体制間の核を含む全面戦争とか、米ソ両超大国の覇権戦争とか、お互いに国力のすべてを賭ける国家間の総力戦とかは、今後は基本的に起こらないことが明らかになって、世界全体が軍縮に向かう。米日の軍産複合体や軍部、タカ派はそれでは困るから、「旧ソ連の脅威は消えても、北朝鮮が核ミサイルを開発しているぞ」「中国も海軍力を増強しているぞ」とか言って、かつての「悪の帝国」を横へ横へとズラして、同じ様な、あるいはもっと深刻な脅威が続いているかの虚偽意識を膨らませ、今までどおりの予算も軍備も人員も基地も確保しようとする。そのために、脅威の冷静かつ正確な分析でなく単なる恐怖心の煽り立てが罷りとおり、それをマスコミが助長してきた。従ってまた沖縄の米海兵隊が「抑止力」になるとかならないとか言っても、いったいどういう種類の脅威にどの程度備えているのか、前提となる脅威シナリオが漠然としていたのでは、議論のしようもないわけです。

ブレジンスキーの戦争観

いま述べたことの中で、肝心なポイントの一つは、今後は米露間はもちろん米中間でも他のどこでも、大規模な全面戦争は基本的に起こりえないということです。ワシントンの民主党系の外交政策エスタブリッシュメントの頂点に立つブレジンスキー元大統領補佐官は、昨年二月一三日付のニューヨーク・タイムズに寄稿してこう言いました。

「多くの人々は、出現しつつある米中２極が紛争に突き進んでいくのは不可避だと恐れている。しかし私は、この〝ポスト覇権時代〟においては、世界支配のための戦争が本当に起きるとは思っていない」

「なぜなら、核兵器は余りに破壊的で使えない。経済はグローバル化し、一方的成功はありえない。人々は政治的に目覚めていて一国を物理的に征服するなど不可能。しかも、米国も中国も敵対的なイデオロギーに突き動かされていない」

「安定した米中関係にとっての現実的な脅威は、両国の敵対的な意図から生じるのではない。むしろ、北朝鮮と韓国、中国と日本、中国とインド、インドとパキスタンなど、アジア諸国の政府がナショナリスティックな激情を煽動したり許容したりすることによって［地域紛争が］コントロール不能に陥ることこそ危険なのである」

この論説は、安倍さんの初訪米の一週間前に出されたもので、この「ナショナリスティックな激情を煽動」というのは安倍さんへの警告だったかもしれません。

「ポスト覇権時代」がすでに訪れつつあるというのは決してブレジンスキー個人の考えではありません。ＣＩＡをはじめ米政府の全情報機関が集まってＮＩＣ（全米情報協議会）という組織が作られて、四年に一度、米政府の外交・軍事戦略の土台となる未来予測を発表していて、その最新のものは二〇一二年一二月に発表された「二〇三〇年へのグローバルな諸潮流」ですが、そこでは「二〇三〇年には、米国も他のどの国［例えば中国ということでしょう］も、覇権国とはなっていないだろう。多極化した世界では、権力はネットワークや諸国の連合へと分散しているだろう」と述べています。

米中が戦争をすることはない

ブレジンスキーの論説でもう一つ大事なのは、米中が戦争するなんてありえないと断言していることです。それは先のオバマや在日米軍司令官の言葉でもはっきりしています。

これは、習近平主席が決り文句のように「偉大なる中国の復活」と言い、それを背景にして米国との間に「新しい大国関係」を築きたいと言っていることをどう捉えるかに関わっています。日本にも米国にもいる中国嫌いの人たちは、何が「偉大なる」だ、この間まで食うや食わずでヒーヒー言っていた途上国が生意気にも、というような受け止め方をしますが、そうじゃないんですね。

左ページの図はアンガス・マディソンという米国の学者が作った、過去二〇〇〇年間の主要国の世界ＧＤＰシェアです。上から中国、インド、日本、欧州主要国、一番下が米国。下の目盛はかなりラ

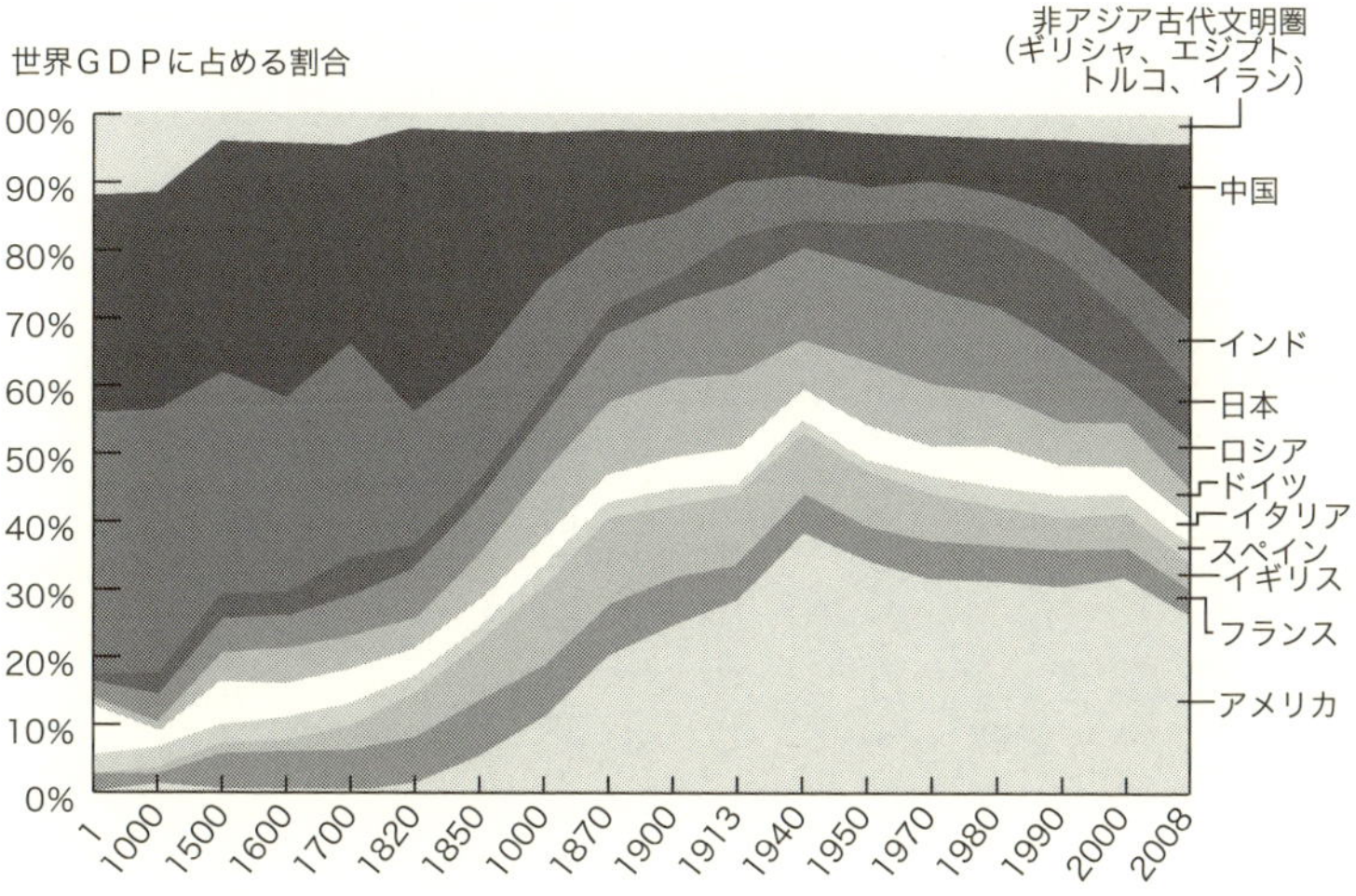

アンガス・マディソンの統計に基づいて作成

2000年間の主要国の世界GDPシェア

ンダムに刻まれていますが、紀元一年から西暦一〇〇〇年までを見ると、インドが世界ＧＤＰの何と四〇％、中国が三三％ほどを占めていて、合わせると世界の七割超、四分の三近くです。一七〇〇年頃でも二国で六三％だし、一八二〇年には中国とインドの順位が入れ替わりますが、まだ合わせれば同じくらいある。この頃の中国と言えば、清朝の絶頂期。明から清にかけて世界最大の経済大国にのし上がった中国は、東シナ海から南シナ海、マラッカ海峡にかけて冊封朝貢体制という形をとった「東アジア自由貿易圏」を築きあげ、その基軸通貨国となった。日本はその時代、鎖国をして内需を深耕するというある意味で賢明な戦略をとりましたが、琉球王国はその海洋貿易圏を水を得た魚のごとく泳ぎ回って経済的な繁栄と独特の文化を手に入れました。

　その東アジアの富のセンターに忍び寄ってきたのが野蛮な欧州で、インドを足がかりにマラッカから香港、中国へと手を伸ばし、一八四〇年には英国が阿片戦争という世にも汚い戦争を仕掛けてアジアの富を貪り尽くした。それで二〇〇年ほど前からまずインドが、そして中国が驚くべき勢いで衰退して、一九五〇年には両国を合わせて一割強というどん底状態にまで落ち、その分だけ欧州が、やがてそれ以上に米国が肥え太りました。この、欧米帝国主義にしてやられた二〇〇年間の失敗を取り返して「世界史を常態に戻す」というのが、善かれ悪しかれ、今の中国人の歴史意識なのですね。それに賛同するかどうかは別にして、少なくとも中国がそういう歴史意識を持っているということは理解して中国と粘り強く付き合うというのがブレジンスキーでありオバマです。とんでもない、何を生意気な、というのが安倍さんを含む日米の右翼や嫌中派です。

しかし、安倍さんがどんなにいきり立っても、今世紀前半のうちに否応なく「米中逆転」は起きる。すると、日米の右翼は「中国が米国に代わって覇権国になる」と恐怖して、軍事的に中国に対抗しなければ大変なことになる、やられてしまうと思い込みます。しかしオバマもブレジンスキーもCIAまでもが「そんなことにはならないよ」と言い、それを右翼は「弱腰だ」と非難するという構図になっている。日米間と言うか安倍とオバマの間に生じている恐ろしいほどの時代認識のギャップ、捻れた構造がここにあるのです。

中国海軍が日本に攻めてくる?

こういう話をしていると、いつまで経っても本題の海兵隊の話に行き着かないので、そろそろそこへ収斂させて行きたいと思いますが、まず第一に、中国の海軍近代化はいつから始まったかというと、一九九六年三月、台湾初の民主的な総統直接選挙で李登輝さんが当選しそうになって、李さんを「独立派」とみなして危険視した中国（の指導部なのか軍部の独走なのかは分かりませんが）は、台湾の目と鼻の先にミサイルを撃ち込むという愚行に出た。その時、米政府は直ちに空母艦隊二個を台湾周辺に進出させたのですが、これが中国には大変なショックでした。

仮にも台湾が「独立」を宣言したら、中国は有無を言わせず大挙して海峡を渡って「武力解放」するというのは、中国の言わば「国是」です。それが分かっているから、台湾は国民党政権にせよ民進党政権にせよ、独立をあからさまに宣言して中国の武力侵攻を招き寄せるようなことはしない。というか、いま既に事実上の独立状態で、大陸との経済関係もいろいろなルールができて発展・深化しているから、そんなことをする必要がないし、北京も台北がそう考えていることはよく分かっている。だから、台湾海峡危機は万に一つも起きないのですが、それでも建前は建前としてきちんと維持しなければならない。

ところが中国の台湾侵攻シナリオというのは、毛沢東時代からの旧態依然のもので、福建省側からまずミサイルを雨霰と放って台湾の海空部隊を無力化した上で陸軍が勇猛果敢に海峡を渡って攻め込むというものですが、そこへ米空母がたちまち現れて制空・制海権を握ってしまえば中国軍は手も足も出ない。そこで余りにもお粗末な中国海軍を、米第七艦隊に勝つのは無理でも、せめて周辺進出を拒否できる程度には近代化しないとまずい。そうでないと「いざとなれば台湾を武力解放する」という国是は何の裏付けもないじゃないか、ということになったのです。

繰り返しますが、政治指導部はそんなことは起きないし起こしたくないと思っているが、軍部から

「じゃあ、あの国是は張り子の虎なのか」と言われると、海軍近代化に予算を回さざるを得ない。

さてそれで、万が一にも台湾危機が起きたとして、米国としてはこれはまず海軍、次に空軍の問題で、陸軍や海兵隊が出て行って台湾側で中国軍と地上戦を交えるというシナリオはありえない。特に海兵隊について言えば、台北などにいる米国人の救出というのはあるかもしれませんが、そのために沖縄に駐留していなければならないというものではありません。逆に、米中が開戦したら中国は必ず後背の沖縄はじめ日本の米軍基地をミサイルで叩くでしょうから、海兵隊がいることのメリットよりもデメリットのほうが遙かに大きい。

この台湾危機の万が一を別にすると、米中が直接戦火を交えるケースはまず考えられない。尖閣や与那国島を中国が軍事占領？　などというのは空想の産物ですし、億に一つあったとしても米軍は空母を出して牽制するくらいで、海兵隊を送ることはないでしょう。なぜかと言えば、軍事的に意味がないだけでなく政治的にも経済的にも百害あって一利もないからです。

北朝鮮が怖いから居て貰う？

北朝鮮の脅威とは何か。第二次朝鮮戦争とも言うべき北朝鮮軍の三八度線を超えた一気南進とか、ある日突然、北のミサイルが韓国や日本に雨霰という話とかは、兆に一つもないでしょう。北にとって何の利益にもならないどころか、一瞬にして米韓からの核を含む反撃で焦土と化すことが分かり切っている自殺行為だからです。いや、金正恩は気が狂っているかもしれないぞと言うのはルール違反で、戦略ゲームは一応お互いに気は狂っていないという前提を置かないと成り立ちません。そうでないと、例えばの話、或る日突然、米大統領が発狂して核のボタンを押しまくったらどうするんだということまで考えておかなければならないことになって、果てしがないからです。

第二次朝鮮戦争は、在韓米陸軍でさえ「ない」という判断で兵員を削減し配置を南方に下げ、韓国政府が「待ってくれ」と言っているくらいですから、かつて第二線と位置づけられていた在沖海兵隊が仁川上陸作戦を再演する機会は全くないでしょう。

北のミサイルが撃ち込まれるという事態は、何もない平穏な時に突然ということはありえなくて、米韓が偶発事件かその他何らかの理由で北と戦闘に入った場合に北が後背の在日米軍基地を叩くという場合でしょう。しかしミサイル攻撃それ自体には海兵隊は役に立たず、逆に海兵隊の基地があるからミサイルが撃ち込まれるというマイナスの役目があるだけです。

北の「体制崩壊」というのもよく言われる危機シナリオですが、先ほども触れたように、この国は体制崩壊で内乱状態に陥るという可能性は極めて低い。決定的な理由は、中国も米国も北がそうなることを望んでおらず、そうなる前に金正恩を〝除去〟する、言わば宮廷革命シナリオを用意しているからです。

これに関連して、二〇一〇年二月当時、キース・スタルダー米太平洋海兵隊司令官が来日して日本の防衛省や専門家と会合することがありました。日本側が、海兵隊が沖縄に駐留を続ける理由についてはっきりしてことを言ってくれないと日本の世論はもう持たないと問うと、スタルダーは海兵隊の重要性について建前論を延々としゃべった。途中で日本側が「そんなことは我々は専門家なので全部知っている」と遮ると、彼はこう言った。「実は在沖海兵隊の対象は北朝鮮だ。もはや南北の衝突

［第二次朝鮮戦争］より金正日体制の崩壊の可能性の方が高い。その時、北の核兵器を速やかに除去することが最重要任務だ」。

海兵隊司令官の知能程度

馬っ鹿じゃなかろうかとはこのことです。まず、米中首脳は体制崩壊を起こさず、従って混乱の中で核弾頭や核物質が行方不明になるようなことを避けるというシナリオを持っている。それでも、万が一そういうことになって、米軍が北に突入して核を奪取するという場合は、たぶん海兵隊などより遙かに練度の高い海軍特殊部隊シールズなどが使われるに決まっていて、海兵隊の出番などある訳がない。さらに、本当にそれが「最重要任務」なのであれば、沖縄になんぞいないで韓国に駐留すればいいではないか。この司令官はマンガの読み過ぎか何か知らないが、海兵隊の存在意義を説明するのに空想的な思いつきを述べただけで、日本の専門家から失笑を買うことになった。海兵隊のトップの知能程度はこんなものなのです。

あとは、韓国でいざという場合の米国人救護ですが、これは台湾の場合と同じで、そのために沖縄にいなければならない理由とはなりません。同様のことはタイでもベトナムでもインドネシアでもどこでもありうるからグアムあたりに居るほうが対応しやすいはずです。

まあ要するに、私が言いたいのは、海兵隊が沖縄に居なければならない理由は一度たりともまともに説明されたことがなく、その話に入って行けば、必ず日本を取りまく「脅威」の実相とそれへの対処シナリオという具体論を戦わせることになるのだけれども、日米両政府も両軍もそれに向き合うことなく、徒な恐怖感を与えて国民を思考停止状態に追い込むことで現状維持を図るという愚民政策を続けているということです。

抑止力論の虚妄を超えて

そういう訳で、まず「脅威」について情緒論をやめて社会科学的な議論にレベルアップすることが課題です。そうすることで初めて、その脅威の具体的な様相とそれに対処するための「抑止力」の内容が見えてくる。さてそれで、それに対応する海兵隊なり何なりの戦力と配置の合理性が問題となりうるわけですが、今までこの国でそういう真面目な議論が行われたことはなかったと思います。

脅威が漠然としていれば、それへの抑止力の内容も曖昧になる。脅威をできるだけ誇大に描けば、抑止力も大きければ大きいだけいいということになってしまう。核も通常戦力も含めて、しょせん抑止力というのは相互不信と疑心暗鬼の心理ゲームですから、漠然と曖昧の相乗効果で、果てしもない軍拡競争に陥っていくしかありません。

そういう意味で、抑止を軍事力だけで考えていると逆に抑止が効かなくなっているというディレンマを我々はもう既に知っているのですから、遠くから睨み合って「お前より俺の方が強いぞ」とマッチョぶりを競い合うという時代後れなことはもう止めにして、一に経済力、二に外交力でその部分が九割、残る一割については万が一の軍事力も今の段階では手放すわけにはいかないというくらいの優先順位で、世界とアジアとの付き合い方を設計し直していくことが求められていると思います。

しかし実際には、日本も米国も中国も、二〇世紀までの過度の軍事力依存の後遺症からなかなか逃れられずに悪戦苦闘している。そういう浅ましい現実を治癒するセンターとなりうるのが、沖縄なのではないでしょうか。沖縄が突出することで、日本も、米国も、アジアも目覚める。辺野古基地建設阻止、沖縄県知事選での辺野古反対候補の勝利を達成することには、そういう世界史的な意味があると思います。

地方から安倍強権政治への反撃を

今の中央政界を見ると、まさに「一強多弱」で、安倍の強権政治に歯止めをかける力は存在しません。だからこそ、地方から反乱の烽火を上げることがこれまでになく大事になっています。今日さんざんお話ししてきたように、安倍政権が中国や北朝鮮の「脅威」について本当のことを言わずに国民をマインド・コントロールにかけようとしても、最も厳しい現実に直面している沖縄県民には通用しません。そこに本土と沖縄の意識ギャップが生まれる。

辺野古基地建設強行の問題は、原発再稼働、リニア中央新幹線の強行と似ていて、私は今週の『日刊ゲンダイ』のコラムでそれを安倍政権が今秋強行しようとしている「三大迷惑プロジェクト」と呼びましたが、さらにTPP、カジノ解禁、新国立競技場を加えれば「六大迷惑プロジェクト」になりますけれども、そのどれもが、国民の多くが「今どきそんなもの要るのか」と疑問を持っているのに真正面から説明し説得しようとしない。当事者である周辺住民は「本当に大丈夫なのか」と不安が一杯で強い反対の声も上がっているのに「お国が決めたことに逆らうのか！」と蹴散らしていく。あるいは「最後は金目でしょ」と地方の弱みに付け込んで切り崩していく。みな同じ構造を持っています。

ところが、例えば原発の問題では、国民全体はごまかせるかもしれないが、福島県民は最も苛酷な現実に直面しているから欺されない。そうすると自民党は一〇月の福島県知事選では候補者も立てられずに野党候補に〝押しかけ相乗り〟して敗北だけは避けるという情けない状態に陥りました。沖縄でも勝てる候補は見つからず、現知事に〝責任〟を押し付けたような格好になりました。安倍政治の暴走を跳ね返す力は地方にこそある。沖縄県民の皆さんは是非とも圧倒的な力を発揮して、辺野古ノー！の知事を誕生させ、安倍政権のマインド・コントロールから日本全体を解き放って頂きたいと思います。

「友愛ブックレット」発刊にあたって

東アジア共同体研究所理事長　**鳩山友紀夫**

歴史は、人類発展のキーワードは「戦争」ではなく「協調」であることを私たちに示している。その最大の教訓に忠実であるのかどうか疑問を持たざるを得ない日本の現状を、首相経験者として深く憂慮している。

私は二六年間の議員生活を引退したことを契機に、二〇一三年三月に東アジア共同体研究所（ＥＡＣＩ）を設立し、首相在任中に提唱しながら果たすことが出来なかった「東アジア共同体」の実現と、それを通じての「友愛の精神」に基づく世界平和の達成に残りの人生を捧げることを決意した。

私は「友愛」こそ、これからの世界をリードする理念と信じている。「友愛」とは自分自身の尊厳と自由を尊重すると同時に、相手の尊厳と自由をも尊重する考え方であり、それは人と人の間だけでなく、国と国、地域と地域、さらに人と自然との間でも成り立つ考え方である。

この考えは、クーデンホフ・カレルギー伯が「友愛の理念」の下で汎ヨーロッパを唱え、その後ＥＵとして結実したことを範としている。カレルギーの時代は、ヒトラーのドイツとスターリンのソ連という二つの全体主義がヨーロッパを席巻していた。彼は、人間の価値を重んじる「友愛の理念」をもって、全体主義に立ち向かった。

私は今日こそ「東アジア共同体」の構築が時代の要請であると信じている。私たちが汎アジアを唱え、「東アジア共同体」の形成を可能にするとき、同様にアジアは「不戦共同体」となるであろう。そのことが世界平和への大きな貢献となることは間違いない。

研究所の設立以降、週に一度のペースで各界の有識者をお招きし、収録した対話をインターネットで放映している（ＵＩチャンネル）。示唆に富む様々な議論をそのままにしておくのは勿体ないという思いから、テーマ毎にブックレットという形でまとめることにした。放送時の内容をベースにしているが、登場された方々の協力を得て適宜編集を加えている。インターネット放送と書籍と両方でお楽しみ頂ければ幸いである。

また、東アジア共同体研究所が主催したシンポジウムや講演会などの記録も随時ブックレットにまとめたいと思っている。

もちろんこうした各人の意見は、当研究所の見解をそのまま代弁するものではない。自由な討議の場はそのまま、東アジアの活力と創造性の源泉となる多様性ということの反映にもなろう。「友愛ブックレット」が、自由な論議と「友愛の精神」を日本とアジア、世界の人々に発信していく場となり、ひいては「東アジア共同体」への大きな推進力となることを願っている。

二〇一四年九月

東アジア共同体研究所

設立趣意

鳩山政権は、「東アジア共同体の創造」を新たなアジアの経済秩序と協調の枠組み作りに資する構想として、国家目標の柱の一つに掲げました。東アジア共同体構想の思想的源流をたどれば、「友愛」思想に行き着きます。「友愛」とは自分の自由と自分の人格の尊厳を尊重すると同時に、他人の自由と他人の人格の尊厳をも尊重する考え方のことで、「自立と共生」の思想と言ってもいいでしょう。そして今こそ国と国との関係においても友愛精神を基調とするべきです。なぜなら、「対立」ではなく「協調」こそが社会発展の原動力と考えるからです。欧州においては、悲惨な二度の大戦を経て、それまで憎みあっていた独仏両国は、石炭や鉄鋼の共同管理をはじめとした協力を積み重ね、さらに国民相互間の交流を深めた結果、事実上の不戦共同体が成立したのです。独仏を中心にした動きは紆余曲折を経ながらその後も続き、今日のＥＵへと連なりました。この欧州での和解と協力の経験こそが、私の構想の原型になっています。

すなわち、私の東アジア共同体構想は、「開かれた地域協力」の原則に基づきながら、関係国が様々な分野で協力を進めることにより、この地域に機能的な共同体の網を幾重にも張りめぐらせよう、という考え方です。

東アジア共同体への夢を将来につなぎ、少しでも世界と日本の在り様をあるべき姿に近づけるための行動と発信を内外で続けていくことを、今後の自身の活動の中心に据えるために、東アジア共同体研究所を設立致し、世界友愛フォーラムを運営していきます。

平成二五年三月一五日

理事長：鳩山友紀夫

“Every great historical happening began as a utopia and ended as a reality.”

(すべての偉大な歴史的出来事は、ユートピアとして始まり、現実として終わった。)

汎ヨーロッパを唱えたクーデンホフ・カレルギーの言葉です。

今、東アジアに友愛に基づいて協力の舞台を創ることを夢とも思わない人びとがこの国に増えています。

だからこそ、その必要性を説き、行動で示していかなければなりません。

ユートピアの実現という確信の下に。

東アジア共同体研究所とは

友愛の理念に基づく世界平和の実現を究極の目的とする。その目的を達成する手段として、東アジア共同体を構想し、その促進のために必要な外交、安全保障、経済、文化、学術、環境など、あらゆる分野における諸国・諸地域間の協働の方策の研究と環境条件の整備を行う。

一般財団法人東アジア共同体研究所

〒100-0014　東京都千代田区永田町２－９－６

◆ホームページ　　http://www.eaci.or.jp

◆公式ニコニコチャンネル（友紀夫・享・大二郎・孟のＵＩチャンネル）

http://ch.nicovideo.jp/eaci

著者略歴

鳩山友紀夫（由紀夫）（はとやま・ゆきお）
1947年東京生まれ。東京大学工学部計数工学科卒業、スタンフォード大学工学部博士課程修了。東京工業大学経営工学科助手、専修大学経営学部助教授。1986年、総選挙で、旧北海道4区（現9区）から出馬、初当選。1993年、自民党を離党、新党さきがけ結党に参加。細川内閣で官房副長官。1996年、鳩山邦夫氏らとともに民主党を結党し、菅直人氏ともに代表就任。1998年、旧民主党、民政党、新党友愛、民主改革連合の4党により（新）民主党を立ち上げ、幹事長代理。1999年、民主党代表。2005年、民主党幹事長。2009年、民主党代表。第45回衆議院議員選挙後、民主党政権初の第93代内閣総理大臣に就任。2013年3月、一般財団法人東アジア共同体研究所を設立、理事長に就任。
著書 『「対米従属」という宿痾』（飛鳥新社）、『新憲法試案―尊厳ある日本を創る』（PHP研究所）等多数

大田昌秀（おおた・まさひで）
1925年沖縄県久米島生まれ。1945年、沖縄師範学校在学中に鉄血勤皇師範隊の一員として沖縄守備軍に動員され沖縄戦に参加、九死に一生を得て生還。戦後、早稲田大学を卒業後、米国シラキュース大学大学院でジャーナリズムを学ぶ。修了後、琉球大学社会学部で教授として研究・指導を続ける。1990年、沖縄県知事に就任、2期8年務め、平和・自立・共生をモットーに県政を行う。「平和の礎」や「新沖縄県立平和祈念資料館」「沖縄県公文書館」などをつくった。2001年、参議院議員（1期6年）。知事退任後、大田平和総合研究所をつくり平和研究を続ける。現在は同研究所をもとに設立した特定非営利活動法人・沖縄国際平和研究所理事長。

呉屋守將（ごや・もりまさ）
沖縄県西原町生まれ。名古屋工大卒、ジョージア大大学院修了。ゼネコン、県庁土木建築部勤務を経て、1986年金秀鉄工（現金秀建設）入社、1992年社長。2002年より金秀グループ会長。県建設業協会会長、県労働基準協会会長など歴任。

山城博治（やましろ・ひろじ）
1952年沖縄県生まれ。法政大学社会学部社会学科卒業後、1982年に沖縄県庁に入庁。駐留軍従業員対策事業、不発弾対策事業、税務などを担当。沖縄県職員労働組合副委員長を経て自治労沖縄県本部副委員長。2004年から沖縄平和運動センター事務局長、2013年から同議長として反戦平和、反基地運動の先頭に立つ。辺野古新基地建設、東村高江のヘリパッド建設、オスプレイの普天間基地配備問題などでは、沖縄の民意を訴えるため全国を奔走している。多くの平和・市民団体と連携、県内外に幅広いネットワークをもつ。沖縄の平和運動の象徴的存在。
著書『琉球共和社会憲法の潜勢力』（未来社）

孫崎享（まごさき・うける）
1943年旧満州国鞍山生まれ。1966年東京大学法学部中退、外務省入省。英国、ソ連、米国（ハーバード大学国際問題研究所研究員）、イラク、カナダ勤務を経て、駐ウズベキスタン大使、国際情報局長、駐イラン大使を歴任。2002～2009年まで防衛大学校教授（公共政策学科長、人文社会学群長）を経て、2009年に退官。2012年7月に上梓した『戦後史の正体』（創元社）が話題になり20万部超のベストセラーに。ツイッター（@magosaki_ukeru）では約7万人を超えるフォロワーを持つ。2013年3月、一般財団法人東アジア共同体研究所、理事・所長に就任。
著書 『小説外務省－尖閣問題の正体』（現代書館）、『戦後史の正体』（創元社）、『日米同盟の正体』（講談社現代新書）、『日本の国境問題』、『これから世界はどうなるか』（以上、ちくま新書）、『日本の「情報と外交」』（PHP新書）、『独立の思考』（角川学芸出版）等多数

高野孟（たかの・はじめ）
1944年東京生まれ。1968年早稲田大学文学部西洋哲学科卒業後、通信社、広告会社に勤務。
1975年からフリージャーナリストになると同時に情報誌『インサイダー』の創刊に参加、1980年に㈱インサイダーを設立し、代表兼編集長に。1994年に㈱ウェブキャスターを設立、日本初のインターネット によるオンライン週刊誌『東京万華鏡』を創刊。2008年9月にブログサイト『THE JOURNAL』を創設。現在は「まぐまぐ！」から『高野孟のTHE JOURNAL』を発信中。（http://www.mag2.com/m/0001353170.html）2002年に早稲田大学客員教授に就任、「大隈塾」を担当。2007年にサイバー大学客員教授も兼任。2013年3月、一般財団法人東アジア共同体研究所、理事・主席研究員に就任。
著書 『アウト・オブ・コントロール－福島原発事故のあまりに苛酷な現実』（花伝社）、『原発ゼロ社会への道筋』（書肆パンセ）、『沖縄に海兵隊はいらない』（モナド新書）等多数

辺野古に基地はいらない！——オール沖縄・覚悟の選択　（友愛ブックレット）

2014年11月８日　　初版第１刷発行

編者 ——— 東アジア共同体研究所
著者 ——— 鳩山友紀夫、大田昌秀、呉屋守將、山城博治、孫崎享、高野孟
発行者 —— 平田　勝
発行 ——— 花伝社
発売 ——— 共栄書房
〒101-0065　東京都千代田区西神田2-5-11出版輸送ビル2F
電話　　03-3263-3813
FAX　　03-3239-8272
E-mail　　kadensha@muf.biglobe.ne.jp
URL　　http://kadensha.net
振替 ——— 00140-6-59661
装幀 ——— 黒瀬章夫（ナカグログラフ）
印刷・製本— 中央精版印刷株式会社

ISBN 978-4-7634-0719-1 C0036